KB090385

내 몸이 먹는

맛있는
약선요리

양　승·김소영·변미자·이성자
정명희·김인애·유수림　공저

藥膳

B (주)백산출판사

약간의 두려운 마음과 설레는 마음으로 조리복과 모자를 쓰고 요리사의 길을 시작한지 45년이 흘렀으며 약선이라는 화두에 빠져 씨름해 온지 벌써 30년이 넘는 세월이 흘렀다.

그동안 10여 권이 넘는 책을 약선의 지식을 보급하기 위해, 약선지식을 독학하는 사람들을 위해, 때로는 회사제품을 홍보하기 위해 등 여러 가지 방법으로 집필해 오면서 조금 더 쉽고 이해하기 편하게 모든 사람이 접할 수 있도록 노력해 왔다.

특히 약선이라는 특징 때문에 잘못된 상식이나 생각이 의도하지 않게 도리어 건강을 해치는 결과가 나오지나 않을까 하는 의구심으로 책을 집필할 때마다 노심초사하였다.

동양의학이론을 바탕으로 연구하는 학문이라 개인의 사상이나 사고에 따라 약선에 접근하는 방식도 다양하고 제각각의 주장이 난무한 게 현실이며 잘못된 지식으로 건강을 위해서 하는 행동이 도리어 건강을 해치는 결과를 많이 보아 왔다.

따라서 각 개인의 신체환경이나 조건보다는 보편적인 상식을 벗어나지 않도록 노력하였는데, 특히 남녀노소에 따라 인체의 기능이나 조건이 다르고 계절에 따라 인체의 반응이 다르며 체질에 따라 인체의 환경이 달라 어떤 사람에게는 유익할 수 있는 식품이 어떤 사람에게는 해를 끼치는 결과를 야기할 수 있기 때문이다.

그러나 궁극적인 목적은 모든 인류가 음식으로 질병을 예방하고 건강을 지키며 행복한 삶을 영위하는 데 조금이나마 역할을 하고 싶은 마음이 더 간절하였다.

이번에 출판하는 책은 1년 가까운 시간 동안 인내심을 가지고 함께 공부하고, 연구하고, 노력해 온 서울약선 변미자, 이성자, 정명희, 김인애, 유수림 선생님과 함께 출판하게 되었다.

이 책은 실습 위주로 되어 있으며 동서양의 모든 요리를 약선화하여 응용하였으므로 실생활이나 약선을 연구하는 많은 사람에게 도움이 되리라 생각된다.

우리 주변에서 흔히 볼 수 있는 요리들로 약선이 별도의 요리가 아닌 우리 생활 속에서 항상 가까이 있는 요리라는 것을 알았으면 하는 마음이다.

끝으로 이 책이 나올 수 있도록 도와주신 백산출판사 진욱상 사장님을 비롯한 출판사의 관계자 여러분과 사진촬영에 수고하신 이광진 선생님께 감사의 말씀을 전한다.

2018년 6월
서울강의실에서

남녀노소약선
응용편

계절약선
응용편

국가별약선
응용편

오장약선
응용편

변증약선
응용편

약선이란?

藥膳

약선이란?

약선이란 동양의학기초이론을 바탕으로 하여 대자연의 법칙에 순응하며 자연환경과 인체의 건강상태를 변증(辨證)하고 식품의 성질, 성미, 색, 승강부침(昇降浮沈), 귀경(歸經) 등 본초학의 지식을 근거로 하여 재료를 선택하며, 방제(方劑)원리에 의한 배합을 하고, 과학적인 조리방법을 응용하여 만든 음식으로 음식의 맛, 색, 형, 향, 명을 모두 갖추고 약의 효능까지 발휘되어 건강을 유지하고 질병을 치료, 예방하며 건강한 생활을 영위하면서도 수명을 연장시키는 기능성 요리를 말한다.

1. 동양의학 중의 약선사상

"飮食爲生人之本"(음식위생인지본)

음식은 생명의 근본이다. 사람은 섭생을 통해 삶을 영위하며 심신을 조절하고 질병을 예방하며 무병장수를 누릴 수 있다. 《황제내경》에서 "五穀爲養, 五果爲助, 五畜爲益, 五菜爲充"라고 수록되어 있는데 곡물은 인체를 키우고 과일은 곡물의 역할을 도와주며 육류는 유익하게 하고 채소는 인체를 채워주는 역할을 한다는 뜻이다. 옛 양생가들은 대부분 음식양생을 강조하고 실천하여 무병장수하였다.

"不治已病治未病"(불치이병치미병)

동양의학에서 계승해 내려온 思想 중에 "治未病"이라는 설이 있다. 이것은 "上醫 治未病" 관념으로 가장 좋은 의사는 질병이 오기 전에 치료해야 한다는 것을 말한다. 동양의학에서의 질병이란 음양의 균형이 깨진 상태를 말한다. 어떤 질병이든 하루아 침에 갑자기 찾아오는 것은 아니다. 질병이 나타나기 전에 전조증상이 오기 마련인데 이때를 "아건강상태"라고 한다. 아건강상태는 피로감이 있고 활력, 적응능력, 반응능 력은 약간 부족한 상태를 말한다. 하지만 스스로의 회복능력은 남아 있는 상태로 질 병의 발전과정을 파악하여 부작용이 없는 음식으로 음양의 균형을 맞춰 질병을 예방 하는 것이다.

이는 "藥食同源"과 같은 맥락으로 "飮食養生"이라고도 부르며 "食療" 또는 "食治" 라고도 했으며 현대에 와서는 "藥膳"이라고 한다.

"法于陰陽, 和于術數, 飮食有節, 起居有常"
(법우음양, 화우술수, 음식유절, 기거유상)

건강을 지키기 위해서는 음양에는 법도가 있는데 음양이 서로 조화를 이룰 수 있도 록 조절하고 음양에 알맞게 음식을 섭취하며 거처를 편하게 해야 한다는 뜻이다. 음식 을 통해서 심신을 조절하고 질병을 예방하면 무병장수한다는 이론이 "음식양생"이다. 양생가들이 말하는 섭생에는 음양의 균형을 유지하는 것이 관건이지만 그렇게 하기 위 해서는 절제가 있어야 한다. 손사막은 평소 음식은 담백하게 먹고 고기는 많이 먹지 말 며 과식하지 말고 천천히 꼭꼭 씹어 먹어야 한다고 하였다. 본인은 아침에는 죽을 먹고 점심은 충분하게 먹되 저녁은 적게 먹는 습관을 평생 실천하여 103세까지 장수하였다.

"人體平和, 惟須將收養, 勿妄服藥, 藥勢偏有所助,
令人臟氣不平, 易受外患"
(인체평화, 유수장수양, 물망복약, 약세편유소조, 영인장기불평, 역수외환)

인체의 음양이 균형을 유지하고 장부가 서로 조화를 이루며 건강한 상태를 유지하기 위해서는 반드시 양생을 하여야 한다. 맹목적으로 약을 먹는 것은 좋지 않으며 먼저 음식을 통하여 음양을 조절하고 균형을 맞추고 듣지 않을 때 약을 써야 한다. 당나라 손사막은 "약의 편협된 성질은 질병이 외부로부터 침입했거나 인체 내장의 기운이 평형하지 못할 때 도와주는 것이다. 기운이라는 것은 음식을 공급하지 않으면 존재할 수 없고 먹는 것에 성패가 달려 있다는 것을 알지 못한다. 매일 섭생을 하면서도 모르는 것은 물과 불이 옆에 있어도 인식하지 못하는 것과 같다."라고 하였다. 또한 인체의 장기가 서로 조화를 이루지 못하면 외부의 병이 쉽게 인체를 침범하여 질병을 일으킨다. 따라서 섭생을 통해 기혈을 만들고 오장육부가 서로 조화를 이룰 수 있도록 해야 한다.

"藥補不如食補"(약보불여식보)

누구나 알 수 있는 말이지만 현대에 와서 더욱 강조되는 말이다. "약으로 보하는 것이 음식으로 보하는 것보다 못하다"는 뜻으로 약보다는 음식이 좋다는 말이다. 속설에 약은 "3分毒"이 있다고 한다. 여기서 말하는 독이란 우리가 알고 있는 독소를 뜻하는 것은 아니고 식품의 편성(偏性)을 말한다. 편성이란 한쪽으로 치우친 성질을 뜻하는 것으로 건강한 상태의 사람들도 장기적으로 복용하면 음양의 균형을 깰 수 있을 정도의 성질을 말한다. 음식은 성질의 치우침이 적어 누구에게도 부작용이 없는 것을 말한다. 따라서 질병이 심한 사람에게는 약을 써야 하겠지만 음식으로 조절이 가능한 사람은 음식으로 치료를 하는 것이 가장 좋다는 뜻이다.

"脾胃爲元氣之母"(비위위원기지모)

"비위는 원기의 어머니다"라는 말로 비위의 중요성은 여러 학자가 강조했던 말이다. 금원4대가 중의 한 사람인 이동원은 "비위론"을 충실하게 발전시켜왔던 대표적인 학자다. 인체의 근본은 비위로 비위를 치료하면 모든 질병을 고칠 수 있다고 주장하기도 했다. 원기는 부모로부터 받아 태어나지만 태어난 후에는 비위의 운화기능에 의해 자양되고 채워진다. 따라서 비위를 "後天之本"이라고 한다. 모든 영양섭취는 비위의 기능에 의존하므로 기혈을 만들어 내는 원천이 된다. 따라서 인체에서 소화기계의 비위가 튼튼하여야 하며 약선에서도 참고하여야 한다. 《본초강목》에서 비위를 튼튼하게 하는 식품으로는 백편두, 연자, 대추, 단호박, 쑥갓, 고구마 등이 기재되어 있다.

"腦爲元神之府"(뇌위원신지부)

동양의학에서 "得神則生, 失神則死"라는 말이 있다. 즉 "신이 있으면 살아있는 것이요 신을 잃으면 죽는다"는 뜻이다. 신이란 인체의 모든 외재적인 표현을 말하는 것으로 인체의 형상, 안색, 눈빛, 언어, 응답, 활동, 자태 등을 포함한다. 또한 정신의식, 사유활동을 하는 기관이다. 뇌는 이러한 일을 수행하는 기관으로 모든 양생에서 중시하여야 한다. 따라서 약선에서도 꼭 염두해 두어야 할 부분이다. 《본초강목》에서 뇌를 튼튼하게 할 수 있는 식재료로는 호두, 여지, 대추, 깨, 연근, 오리고기, 우유, 오골계 등이 기재되어 있다.

"民以食爲天"(민이식위천)

"사람은 먹는 것을 하늘로 여긴다"는 뜻으로 음식의 중요성을 말하는 것이다. 사람은 먹는 음식에 따라 질병의 유무가 결정되며 더 나아가서는 생사까지도 결정되므로 이것이 곧 하늘과 같을 만큼 중요함을 강조하는 말이다. 지금의 현대생활습관병을 옛날에는 "부귀병"이라고 불렀다. 즉 고지혈증, 고혈압, 당뇨 등 기름지고 맛이 진한 음식을 많이 먹어 생기는 질병이라는 뜻이다. 이처럼 균형 잡힌 식단이 아닌 한쪽으로 치우친 식단은 식단에 따라 질병을 불러온다.

2. 약선학의 전망

1) 위생학의 발달시기

1960~70년대 보릿고개가 있던 가난한 시절에는 영양을 생각하며 식단을 만들 수 있는 상황이 아니었다. 먹을 수 있는 식품이라면 무엇이든지 먹어야 했으며 구황식품으로 연명하는 국민이 많았는데 그 당시에 가장 중점을 두었던 부분은 위생학이었다. 채소에 인분 사용을 억제하고 물은 끓여서 먹고 학교에서 구충제를 보급하였으며 의복을 청결하게 하도록 홍보하며 국민보건위생에 많은 노력을 하였다.

2) 영양학의 발달시기

그 후 1970년대 후반에서부터 서서히 경제성장을 이룩하게 되면서부터 식품영양학이 보급되기 시작하며 영양이 많은 음식을 위주로 식단이 바뀌게 된다. 그러나 그 당시의 영양학은 고열량, 고단백, 고지방 등 신체의 골격을 튼튼하게 하고 살을 찌우는 성장 발육 위주의 영양학으로 신장을 크게 하고 신체를 건강하게 하는 데는 일정한 부분 공헌을 하였으나 현대에 와서 많은 부작용을 만들기도 하였다.

3) 조리학의 발달시기

1990년대 후반에 들어서 국제교류가 활발하고 생활이 윤택해지면서 여유가 생기고 식도락이 유행하면서 조리학이 대두되기 시작한다. 그리고 좀 더 부드럽고 맛이 있는 미각을 강조하는 식문화가 발달하면서 다른 나라의 요리들이 들어오고 이것이

퓨전음식으로 발전하게 되어 현재에 이르렀다.

4) 웰빙시대의 대두

이렇게 위생학, 영양학, 조리학의 획기적인 발전으로 인하여 인간의 수명이 늘어나고 신체가 커지는 등 여러 가지 발전을 해 왔지만 새롭게 나타나는 현대성인병으로 인한 피해 또한 무시할 수 없는 상황에 직면해 있다.

영양과다로 인해 고혈압, 당뇨병, 비만, 동맥경화, 협심증 등 여러 가지 현대질병으로 고통받는 사람이 늘어나 사회적, 경제적 손실과 함께 개인의 삶의 질이 저하되고 있어 새로운 대안이 필요한 시점에 있다.

그 대안으로 새롭게 등장하고 있는 학문이 바로 약선이라고 할 수 있다. 개인의 체질이나 몸 상태, 그리고 계절별, 연령별, 성별에 따라 다르게 하여 식품을 선택하고 배합하며 적합한 조리방법을 선택하여 요리하므로 식도락을 즐기면서 질병을 예방하고 치료하며 치료보조 수단으로 활용할 수 있는 가장 적합한 방법이라 생각한다.

3. 한국요리와 약선

동양의학에서는 동양철학의 기본이 되는 음양오행학설을 응용하여 인체의 균형을 맞추는데, 음양이란 막연한 의미처럼 들리지만, 사회현상이나 인체의 안정을 유지하는 총체적인 표현으로 인체의 정상생리활동을 할 수 있는 조건이 된다. 그러므로 음양의 균형을 유지한다는 것은 건강한 몸 상태를 유지하는 것을 말한다. 따라서 우리는 평소에 섭생을 통해 부족한 부분은 채우고 넘치는 부분은 사하여 균형을 맞춘다면 건강하고 행복한 삶을 누릴 수 있다. 인체의 균형을 맞추어 건강을 지키기 위한 방법으로는 여러 가지가 있으나 섭생을 통해 조절하는 약선이 가장 편리하고 효과가 좋은 방법이라고 할 수 있다.

한국요리는 담백하고 느끼하지 않은 음식이 주를 이루고 있다. 물론 궁중음식에서는 고단백에 고지방의 음식도 있지만, 대부분의 음식은 채소 위주로 되어 있으며 기름에 튀기거나 볶는 요리보다는 물에 삶거나 중탕으로 찌고 데쳐서 무치는 요리가 많다. 그러므로 콜레스테롤이 높지 않고 지방이 적어 비만이나 고지혈증으로 인해 발생하는 현대인들의 성인병 예방에 효과적이다.

한국요리 중에서 약선으로 효능이 많은 요리를 살펴보면 다음과 같다.

삼계탕은 인삼과 영계를 사용하며 우리가 즐겨 먹는 요리로 식품이면서 약재에 해당하는 인삼이 들어가 누구나 약선으로 인정하는 우리나라 전통요리다. 닭은 성질이 따뜻하고 맛은 달며 비위경락으로 들어가고 효능은 비위 즉 소화기계통을 보하고 중초를 따뜻하게 하며 기운을 만들고 허약한 몸을 보하며 근골을 튼튼하게 한다고 기록되어 있다.

또 다른 책에서는 "위를 편하게 하고 근골을 강하게 하며 상처를 아물게 하고 혈액을 활발하게 하는 작용이 있으며 생리를 조절하고 종기를 없애고 여성들의 냉을 멈추게 하며 소변을 자주 보는 증상을 치료하고 분만 후 회복에 좋다."라고 기록되어 있다. 이렇게 소화기계통을 보하면서 맛이 부드러운 영계에 대보원기 작용이 강한 인삼을 함께 넣어 몸이 허약하고 기력이 떨어지는 사람에게 활력을 넣어주는 보양약선으로 애용하여 왔다.

건강하게 장수하는 것이 목적인 양생법에 따르면 양기가 부족하여 손발이 차고 아랫배가 차며 추운 겨울에 병이 많은 사람은 자연계의 양기가 충만한 여름철에 양기를 보충해야 다음 겨울을 편하게 보낼 수 있다고 하였으며 음기가 부족한 사람은 음기가 충만한 겨울철에 음기를 보하라고 하였다.

한국에서는 삼복더위에 삼계탕을 먹는 습관이 아직 남아 있어 여름철에 삼계탕을 많이 먹는다.

도라지 무침이나 나물은 도라지 자체가 길경이라고 부르는 한약재로 폐의 기운이 잘 퍼져 나갈 수 있게 하며 가래를 없애고 농액을 배출시키는 작용이 있다. 따라서 가래가 많으면서 폐의 기운이 잘 통하지 않아 생기는 기침 또는 가슴이 답답하고 목이 붓고 아프거나 목이 쉬고 농액을 토할  때 적합하며 폐의 기운이 잘 통하지 않아 발생하는 변비나 소변불리에도 좋고 방광결석증에 효과가 있다. 그러므로 평소 반찬으로 먹으면서 폐를 튼튼하게 하는 훌륭한 약선이 된다.

더덕은 음을 보하는 식품으로 특히 폐와 위의 음을 보하며 폐열을 내리고 인후를 잘 통하게 하며 가래를 제거하고 기침을 멈추게 하는 효능이 있어 폐결핵이나 기타 열병을 앓고 난 후 마른기침을 하거나 밤에 자면서 땀을 흘리는 증상이나 저열이 물러가지 않는 사람에게 적합하며 폐음 부족이나 폐열로 목이 마르고 목소리가 잘 쉬어지는 사람에게 효과가 있으며 목소리를 많이 쓰는 직업인에게 좋은 식품이다. 암 환자나 당뇨병, 건조종합증, 위축성위염에도 효과가 있다.

그리고 우리가 양념으로 많이 사용하는 들깨는 소자라고 하는 한약재로 성질은 따뜻하고 맛은 매우며 폐, 대장경으로 들어간다. 효능은 기운을 아래로 내리고 가래를 없애며 기침과 천식에 효과가 있으며 변을 잘 통하게 하는 작용이 있어 가래가 많으면서 기침 천식이 있는 환자에게 적합하고 변비에 효과가 있다. 소자의 성질은 기운을 아래로 내리는 작용이 있고 맛은 매워 기를 내리면서 발산시키므로 담이 뭉쳐서 막힌 데 많이 사용하였다. 현대임상연구에서는 "생것은 갈아 공복에 먹으면 회충을 배출하고《사천중의 1986》, 들깨기름으로 고지혈증 환자에게 실험한 결과 콜레스테롤과 중성지방을 낮추는 효과가 있다《요녕중의잡지 1999》"고 한다.

결명자차는 성질은 약간 차고 맛은 달고 쓰다. 간경, 신장경, 대장경으로 들어가며 효능은 간열을 내리고 눈을 밝게 하며 대변을 잘 나오게 하는 작용이 있다. 따라서 간화 또는 풍열로 인해 눈이 충혈되고 종통이 나타나며 시력이 떨어지는 사람이나 급성

결막염에 효과가 있으며 고지혈증이나 고혈압 환자에게 적합하고 습관성변비 환자에게도 좋은 식품이다.

보리차나 옥수수차는 속을 편하게 하고 소화기계통을 보하는 작용이 강하며 식욕부진이나 속이 더부룩한 증상을 치료하고 고지혈증, 비만, 동맥경화, 심근경색 등을 예방하는 효능이 있어 현대성인병에 많은 도움이 되는 식품이다.

김이나 미역, 다시마는 해초류로 성질은 차고 맛은 짜며 폐경락, 비장경락, 신장경락으로 들어가며 효능은 습을 제거하고 뭉친 것을 풀어주며 청열이뇨와 혈압을 낮추는 작용이 있다. 각종 암증이나 종양 또는 갑상선종, 임파결핵, 고환종통 등에
효과가 있으며 고혈압, 고지혈증, 심장병, 당뇨병, 동맥경화, 비만증에도 좋다. 노인들의 만성기관지염, 야맹증, 골다공증, 아연중독 직업병 환자에게도 효과가 있다. 또한 빈혈, 변비, 수종, 탈모 등에 효과가 있다.

수정과는 생강과 계피가 주재료로 겨울철에 따뜻하게 해서 먹으면 몸을 따뜻하게 하고 소화를 도우며 기혈이 잘 통하도록 하는데 사지가 차고 아랫배가 차면서 설사를 자주 하고 구토증상이 있으며 배에 통증이 있는 사람에게 효과가 있는 한국의 전통 차에 속한다. 생강은 성질은 따뜻하고 매우며 비장경, 위경, 폐경으로 들어간다. 한기를 내보내고 구토나 구역질을 멈추게 하며 가래를 없애고 기침을 멈추게 하는 효능이 있어 풍한감기로 두통, 코막힘, 오한이 들 때, 구토, 가래가 있으면서 기침이 나올 때나 설사 등에 효과가 있으며 생리불순, 하혈 등에도 적합한 식품이며 계피는 성질이 열성이며 맛은 달고 매우며 신장경, 비장경, 방광경으로 들어가며 몸 안의 찬 기운을 몰아내고 비장을 따뜻하게 하며 위를 튼튼하게 하는 작용이 있고 혈맥을 잘 통하게 하는 효능이 있다. 따라서 몸이 차서 발생하는 여러 가지 질병을 치료한다.

이렇듯이 한국 사람들이 생활 속에서 자주 먹는 음식들의 재료는 대부분 약효를 가지고 있어 이것들이 오장육부로 들어가 인체의 생리작용을 도우므로 여러 가지 질병으로부터 우리 몸을 보호하는 작용을 하고 있다.

4. 동양의학에서의 약선이론 응용

1) 음양이론

음양의 내용은 음양 간에 서로 대립제약하고 호근호용하며 서로 교감호장하고 소장평형하며 상호전화하는 관계다.

사물음양속성귀납표

속성	陽(양)	陰(음)
공간(방위)	上(상)	下(하)
	外(외)	內(내)
	左(좌)	右(우)
	南(남)	北(북)
	天(천)	地(지)
시간	晝(주)	夜(야)
계절	春夏(춘하)	秋冬(추동)
온도	溫熱(온열)	寒凉(한량)
습도	건조	습윤
중량	輕(경)	重(중)
성상(性狀)	淸(청)	濁(탁)
명암	明(명)	暗(암)
사물운동상태	化氣(화기)	成形(성형)
	上昇(상승)	下降(하강)
	動(동)	停(정)
	興奮(흥분)	抑制(억제)
	亢進(항진)	衰退(쇠퇴)

2) 오행이론

오행오의오보(五行五宜五補)

오행	목	화	토	금	수
오시	춘	하	장하	추	동
오성	생	장	화	수	장
오장	간	심장	비장	폐	신장
오색	청	적	황	백	흑
오미	신맛	쓴맛	단맛	매운맛	짠맛
오곡	깨(麻)	보리(麦)	수수(秫米)	쌀(稻)	콩(豆)
오채	부추(韭)	염교(薤)	아욱(葵)	파(葱)	콩잎(藿)
오과	자두(李)	살구(杏)	대추(枣)	복숭아(桃)	밤(粟)
오축	개고기	양고기	소고기	닭고기	돼지고기
오보	升補	淸補	淡補	平補	溫補

5. 식물(食物)의 특성

식물(食物)의 성능개념은 수천 년 동안 생활과 임상실천을 통해 전해진 것으로 식물의 보건작용과 의료작용을 총괄한 것이다. 약물의 지식을 응용하여 식품과 연결함으로써 이론체계를 더욱 발전시켜왔다.

청대의 의학자인 여궁수가 말하기를 "식물은 사람에게 영양을 공급하는 수단이지만 사람에게 맞는 것이 있고 맞지 않는 것이 있다. 입을 통해 들어가는 음식이 장부에 맞으면 병을 치료하고 건강하게 하지만 맞지 않으면 도리어 병을 키워 사람을 죽게 한다."라고 하였다. 사람은 자연과 일체이므로 사계절의 기후와도 깊은 관계가 있다. 그러므로 계절과 기온에 맞춰 약선재료를 선택하여야 한다. 약선재료의 선택은 식물의 약성을 파악하고 사람의 체질과 질병의 성질, 사계절의 기온변화를 종합하여 합리적으로 하여야 한다.

현대 영양학에서는 식물(食物)의 연구를 영양성분으로 보는데 약선에서는 사실상 식물은 식양(食養) 또는 식료(食療)의 작용이 관건이며 식물이 가지고 있는 본연의 자연특성을 중요하게 여긴다. 여기에는 식물의 사기, 오미, 귀경이 포함되어 식물이 인체 내부의 깨어진 평형을 조절하여 질병을 치료하거나 예방하는 것을 목적으로 한다. 예를 들면 찬 성질의 식물은 인체 내부의 온열병을 조절하고 열성의 식물은 인체의 찬 성질의 질병을 조절한다. 매운맛은 발산하여 기체를 풀어주고 신맛은 수렴하며 단맛은 보하고 쓴맛은 사화작용을 하며 짠맛은 부드럽게 하는 작용을 한다. 매운맛은 폐로 들어가고 ……, 등등은 모두 식물의 자연적 특성을 이해하고 본질적으로 식물의 작용을 인식하고 이해하는 것이다.

예를 들면 우리가 자주 애용하는 산약은 영양성분으로 보면 아미노산과 전분, 당단백, 비타민C 등을 함유하고 있으며 고구마류의 영양성분과 별 차이가 없는데 한방에서는 산약은 맛이 달고 보하는 작용이 있으며 폐, 비, 신장경락으로 들어간다고 한다. 따라서 폐, 비, 신장을 보하는 효능이 있는데 폐가 허약하여 천식이나 기침을 하는 환자나 비허로 인해 만성복통설사나 냉대하가 많은 사람 또는 신허로 인해 소갈병이나 유정이 있는 사람에게 모두 치료효과가 있다. 따라서 단순한 영양성분으로 식물을 평가하기보다는 식물의 자연적 특성을 이해하여야 한다.

1) 성질 … 4기(四气)

식품의 성질은 식품의 네 가지 기운을 말하는 것으로 사기(四气)라고 하는데 한(寒), 량(凉), 온(溫), 열(热) 네 가지의 기운을 말한다. 이것을 기초로 하여 현대에서는 크게 세 가지로 분류하기도 하는데 따뜻한 성질과 찬 성질로 나누고 차지도 덥지도 않는 성질을 평성(平性)이라 한다.

우리는 일상생활 중에서 경험할 수 있는 것으론 박하사탕을 입에 물면 시원한 청량감을 느낄 수 있는데 이는 박하의 성질이 차기 때문이다. 또한 생강차를 마시면 뱃

속이 따뜻해지는 느낌이 드는 것은 생강의 성질이 따뜻하기 때문이다. 이렇듯 식품에는 각자 가지고 있는 성질이 있다. 따라서 우리는 어떤 질병을 치료할 때 이런 식품의 성질을 이용하여 치료효과를 높이는데 예를 들면 인후에 통증이 있으면서 열이 날 때 박하의 청량작용을 이용해 치료하고 위가 차서 냉통이 있을 땐 생강의 온열성을 이용하여 치료한다. 또한 무더운 여름에 몸에 열이 있으면 녹두죽, 동아탕, 수박즙, 국화차, 금은화차 등을 먹는데 이런 식품은 성질이 차서 열을 내려주고 더위를 식히며 갈증을 해소해 준다. 추운 겨울에는 양고기나 개고기 또는 술을 마시면 몸이 따뜻해지는 것을 느낄 수 있는데 위와 같은 식품들은 성질이 따뜻하기 때문에 양기를 보하고 찬 기운을 없애준다.

이렇게 식품은 각자 서로 다른 성질을 가지고 있는데 찬 성질과 시원한 성질은 동일하지만 정도의 차이에 따라 구분하며 열성과 온성의 구분도 마찬가지다. 그 밖에 차지도 따뜻하지도 않는 중간 정도의 성질을 가진 식품도 있는데 이는 평성이라고 하며 우리가 주로 먹는 식품에 비교적 많다.

(1) 한량성

찬 성질의 식품은 주로 몸을 윤택하게 하고 열을 내리며 소염, 해독작용을 하며 여름철 무더울 때나 열성 체질인 사람에게 적합하며 급성열병이나 열독으로 종기가 나거나 염증에 효과가 있다.

식품으로는 녹두, 메밀, 흑편두, 깨, 율무, 배, 감, 수박, 유자, 귤, 바나나, 상심자, 올방게, 연근, 동과, 셀러리, 오이, 고과, 현채, 수세미, 상추, 시금치, 배추, 가지, 소라, 조개, 모려, 두부, 감자, 김, 다시마, 오리고기, 토끼고기, 돼지고기, 돼지신장, 국화, 금은화, 방대해, 박하, 녹차 등이 있다.

(2) 온열성

따뜻한 성질을 말하며 양기를 돕고 혈액순환을 활발하게 하며 경락을 잘 통하게 하고 찬 기운을 없애는 등의 작용을 한다. 겨울철이나 배가 차거나 손발이 차면서 냉체질인 사람에게 좋고 찬바람으로 인한 감기 등에 효과가 있다.

식품으로는 육계, 부자, 겨자, 고추, 후추, 양고기, 개고기, 소고기, 참새고기, 생강, 회향, 정향, 사인, 인삼, 기장쌀, 대두, 단호박, 당근, 앵두, 대추, 행인, 용안육, 목과, 새우, 연어, 붕어, 홍합, 해삼, 전복, 게, 홍설탕 등이 있다.

(3) 평성

차지도 따뜻하지도 않는 식품으로 성질이 평화(平和)하여 보하는 작용을 하므로 양생약물이나 약선식품으로 가장 많이 사용한다.

식품으로는 양파, 내복자, 감자, 호박, 완두, 땅콩, 옥수수, 쌀, 백합, 은행, 연자, 도인, 붕어, 메추리, 미꾸라지, 청어, 잉어, 목이버섯, 달걀, 돼지고기, 오골계 등이 있다.

식품의 성질(四气)

성질		식품
온열성	동물	개, 소, 닭, 양, 거북이, 참새, 새우, 백화사, 오소사, 전복, 고막, 해마 등
	식물	황두, 잠두, 도두, 담채, 당근, 파, 마늘, 생강, 후주, 부추, 겨자, 유채, 향채, 후추, 소엽, 홍탕, 찹쌀, 밀가루
한량성	동물	자라, 굴, 오리, 토끼, 거위, 낙지, 대합, 소라, 맛조개
	식물	시금치, 배추, 녹두, 셀러리, 미나리, 현채, 죽순, 오이, 여주, 가지, 동과, 보리, 메밀, 조, 우유, 미역, 김, 다시마, 매생이
평성	동물	돼지고기, 오골계, 비둘기, 메추리, 잉어, 붕어, 오리알, 미꾸라지, 명태, 갈치, 오징어, 해삼, 꽃게, 해파리
	식물	팥, 녹주, 검정콩, 수세미, 목이버섯, 백합, 연자, 대추, 감자, 황화채, 마, 행인, 포도, 복숭아, 무화과

2) 맛 … 오미(五味)

식물(食物)의 맛은 혀의 감각으로 느끼는 것을 말하며 매운맛, 단맛, 쓴맛, 신맛, 짠맛을 오미라고 한다. 그 밖에 물과 같이 아무 맛도 나지 않는 담백한 맛과 감실, 연자와 같은 떫은맛이 있다.

식품의 맛에 따라 그 작용은 서로 다르다. 예를 들면 주방에서 고추를 볶고 있다면 매운 냄새로 재채기를 하게 되는데 이것은 매운맛에 막힌 것을 잘 통하게 하고 발산하는 작용이 있기 때문이다. 그리고 아주 매운 것을 먹으면 머리에서 땀이 나는 것을 느낄 수 있는데 이것은 매운맛에 땀을 내는 효능과 기운을 널리 퍼지게 하는 효능이 있다는 것을 알 수가 있다. 따라서 매운맛은 발한, 선통, 발산 작용이 있으며, 풍한 감기로 코가 막히고 콧물이 흐르는 증상이나 오한두통 등의 증상이 있을 때 매운맛의 생강을 끓여 마시면 효과가 있다.

그리고 단맛은 일상생활 중에 가장 선호하는 맛으로 보익강장의 효능이 있다. 따라서 자라나는 어린이들이 좋아하는 것은 당연한 일이라고 하겠다. 또한 허약한 체질의 사람에게도 신체를 튼튼하게 하는 효과가 있다. 단, 현대에 와서 너무 단맛을 선호하여 비만인 사람이 많아 사회적인 문제가 되고 있는데 무슨 맛이든 한쪽으로 너무 치우치면 음양의 평형이 깨져 병이 되는 것이다. 이렇게 식품의 맛에 따라 작용이 다르기 때문에 약선을 만들 때는 오미의 특성을 알고 참고하여야 한다.

동양의학에서 식물(食物)의 오미라는 자연적 특성과 인체의 오장과는 밀접한 관계를 갖고 있는데 구체적으로 표현하면 신맛은 간으로 들어가고 쓴맛은 심장으로 들어가며 단맛은 비장으로 들어가고 매운맛은 폐로 들어가며 짠맛은 신장으로 들어간다. 오미와 오장 간의 이런 관계는 동양의학의 일대 발명으로 질병을 치료하는데 지대한 공헌을 하였다. 다시 말해서 쓴맛은 화를 내리는 작용이 있으며 심경으로 들어가므로 심화가 왕성하여 가슴에 번열이 있고 불면증이 있으며 헛바늘이 돋거나 허끝이 붉은 사람은 맛이 쓴 연자심이나 심화(心火)를 내리는 차를 마시면 열이 내린다.

그리고 《태평성혜방》에 기록되어 있는 방제로 보신(補腎)작용이 있는 "청아환"이 있는데 호두, 보골지, 두충의 세 가지로 조성되어 있다. 이는 신장이 허약하여 허리가 아픈 사람에게 효과가 있는 방제로 원래 책에서 복용방법은 소금물에 마시라고 기재되어 있다. 이것은 신장을 보하는 세 가지의 약효를 신장으로 잘 들어가게 하기 위한 것이다.

그러므로 신장이 허약하여 허리가 아픈 사람이나 허리 근육통, 요추병을 막론하고 가장 편하게 효과를 볼 수 있는 약선방법으로 호두에 소금을 약간 넣고 볶아 하루에 3~5개 정도를 한 달 정도 연속해서 먹으면 소금을 넣지 않고 먹는 것과 비교해서 현저한 효과를 볼 수 있다. 이것은 오미와 오장의 관계를 나타내며 동시에 귀경을 나타내는 것이다.

《영추 · 오미론》에 의하면 "신맛은 근으로 들어가며 많이 먹으면 뭉치고, 짠맛은 혈로 들어가는데 많이 먹으면 갈증이 나며, 매운맛은 기로 들어가며 심장을 비대하게 하고, 쓴맛은 뼈로 들어가는데 많이 먹으면 토하고, 단맛은 살로 들어가는데 많이 먹으면 심장이 두꺼워진다."라고 하였으며 《소문 · 오장생성편》에서는 "짠맛을 많이 먹으면 맥이 응읍되어 변색되고 쓴맛을 많이 먹으면 피부가 건조하고 털이 빠지며 매운맛을 많이 먹으면 힘줄이 경직되고 마르며 신맛을 많이 먹으면 살에 못이 박히거나 주름이 많고 입술이 벗겨지며 단것을 많이 먹으면 뼈가 아프고 머리가 빠진다. 이것이 오미로 인해 몸이 상하는 것이다."라고 하였다. 또한 "간병에는 매운맛을 금하고 심장병에는 짠맛을 금하며 비장병에는 신맛을 금하고 신장병에는 단맛을 금하며 폐병에는 쓴맛을 금한다."라고 하였다.

이러한 자료들은 오장을 모두 튼튼하게 하기 위해서는 한 가지 맛으로 편식하는 것은 바람직하지 못하며 오미를 모두 골고루 섭취해야 건강한 신체를 유지할 수 있다는 것을 말한다.

이와 같은 다섯 가지의 맛에 대한 인체에서의 작용과 반응을 구체적으로 살펴보면 다음과 같다.

(1) 매운맛

매운맛은 발산시키고 기혈을 잘 통하게 하며 위의 유동운동을 활발하게 하는 작용을 한다. 주로 감기 증상이나 기혈순환을 돕고 풍습병이 있는 사람이나 기운이 울결되는 증상이 많은 사람에게 효과가 있으며 현대 연구에 의하면 위장유동을 활발하게 하며 소화액분비를 촉진시키고 소화효소를 활발하게 하는 작용이 있으며 혈액순환과 신진대사를 촉진하는 작용을 한다. 또한 경락을 잘 통하게 하며 풍한감기를 치료하는 작용이 있다. 풍한감기에는 매운맛을 가진 생강, 대파, 자소엽 등이 좋고 찬 기운이 응결되어 기체 증상이 일으키는 위통, 복창, 생리통 등에는 회향, 공사인, 필발, 계피 등의 매운식품이 효과적이다. 풍습성관절염은 매운맛이 나는 술을 담그어 먹으면 효과가 있다. 그 밖에 매운맛을 가진 식품으로는 향채, 무, 양파, 겨자, 고추, 부추, 마늘, 후추, 육계, 진피, 불수, 회향, 해백, 셀러리 등이 있다.

(2) 단맛

단맛은 오장을 모두 보하고 자양작용이 있고 비장을 튼튼하게 하며 기운을 부드럽게 하고 건조한 것을 윤택하게 하는 작용이 있으며 보익강장작용이 있어 기혈이 허약하거나 오장이 허약한데 효과가 있다. 따라서 허약한 체질이나 비위허약으로 오는 질병에는 좋으나 많이 먹으면 비만이나 심혈관질환, 동맥경화, 당뇨 등을 유발하므로 주의하여야 한다. 단맛을 내는 식품으로는 산약, 대추, 쌀, 닭고기, 시금치 등 곡물류, 채소류, 과일, 고기류, 생선류 등 대부분의 식품이 여기에 해당한다.

(3) 신맛

신맛은 식욕을 증진시키고 비위와 간장의 기능을 튼튼히 하며 인이나 칼슘의 흡수를 돕고 한방에서는 움츠리게 하는 작용과 진액을 만들어 갈증을 없애고 설사를 멈추게 하는 작용이 있어 식은땀이 나거나, 오래된 설사, 기침, 천식, 빈뇨, 유정, 냉대하 등이 있는 사람들이 많이 먹으면 유익하다. 그러나 너무 많이 먹으면 소화기능을 문란시켜 좋지 않다. 식품으로는 오매, 레몬, 여지, 포도, 석류, 유자, 귤, 산사, 올리브, 불수, 살구, 배 등이 있다.

(4) 쓴맛

쓴맛은 열을 내리고 습을 말리며 위를 튼튼하게 하는 작용이 있다. 몸이 열성 체질이나 습성 체질인 사람에게 많이 사용하는데 습열이 있는 사람들이 많이 먹으면 유익하다. 예를 들면 고과는 성질이 차고 맛이 쓴데 슬라이스로 썰어 볶아 반찬으로 먹으면 청열작용이 강해 화를 내리며 눈을 밝게 하고 해독의 효과가 있어 열병이나 가슴이 답답하면서 갈증이 나는 증상에 좋고 종기가 나거나 눈이 충혈되는 증상 또는 더위를 먹었을 때 좋다. 녹차는 성질이 시원하고 쓰고 단맛이 있는데 여름철에 마시면 머리를 맑게 하고 눈을 밝게 하며 갈증을 멈추게 하고 소화를 도우며 가래를 없애는 효과가 있다. 그 밖에 쓴맛의 식품으로는 황금, 황백, 황연, 사백, 불수, 향원, 하엽, 행인, 도인, 백합, 은행, 해초, 돼지간 등이 있다.

(5) 짠맛

짠맛은 해초류나 해산물, 그리고 몇 가지의 육류 등에 많이 들어 있으며 딱딱한 것을 부드럽게 하고 신장을 보하며 혈액에 유익한 효능이 있다. 그러므로 열이 있는 기침이나 가래가 많은 증상, 뱃속에 덩어리가 있으며 더부룩한 증상, 또는 임파선이 굳거나 담이 뭉쳐있는 병증에는 짠맛식품이 효과적이다. 예를 들면 다시마는 갑상선종이나 임파결핵, 담화결핵 등의 증상이 있는 사람이 먹으면 효과가 있다. 어떤 사람은 아침에 일어나면 공복에 물에 소금을 약간 타서 담담하게 하여 마시는데 고혈압이 있거나 신장병이 있는 사람을 제외하면 위나 장을 깨끗하게 하고 대변을 편하게 하며 위장을 보호하는 효능이 있어 좋은데 이는 모두 짠맛의 효능인 것이다. 그 외에 신장이 허약할 땐 오리고기, 개고기, 자라, 돼지신장, 양신장 등을 사용하고 혈액이 허약한 증상에는 오징어, 메추리알, 선지, 돼지족발, 해삼, 전복 등을 사용하며 대변이 딱딱하게 뭉처서 잘 나오지 않을 때는 해파리, 해조류 등을 사용한다.

식물의 기미(气味) 조합작용

기미	조합작용
신온(辛溫) 신량(辛凉)	해표(解表), 투진(透疹), 지통(止痛)
고한(苦寒)	청열(清热), 사화(泻火), 해독(解毒), 견음(坚阴)
고온(苦溫)	조습(燥湿), 화혈(和血), 통락(通络)
감한(甘寒)	양음(养阴), 생진(生津), 량혈(凉血)
함한(咸寒)	연견(软坚), 산결(散结)

3) 귀경

동양의학은 경락학설의 발명으로 식물의 귀경이론이 성립되었다. 경락은 인체의 내외표리를 연결하며 병리상태에서는 체표의 질병이 내장에 영향을 미치고 내장의 질병이 체표로 표현되게 하는 역할을 한다. 그러므로 인체의 각 부분에 병이 발생하면 그 증상이 밖으로 표출되므로 진단을 할 수 있는 것이다. 예를 들면 폐의 병은 천식이나 기침으로 표현되고 간의 질병은 옆구리통증과 경련으로 나타나며 심장의 병은 심계나 정신혼미로 나타난다.

귀경은 장부, 경락이론을 기초로 하여 형성된 이론으로 식물과 약물은 내재적인 규율에 의해 인체의 장부경락을 통해 선택적으로 작용한다고 인식하였으며 식물과 약물의 맛과 밀접한 관계가 있다.

보허식품과 청열식품을 예로 들면 다음과 같다.

보익강장의 식품은 많지만 귀경이 다르고 그 효능이 다르다. 폐가 허약한 노인이나 만성폐질환 환자에게는 백합, 산약, 제비집, 은이버섯, 은행, 돼지폐, 심하면 동충하초, 합개 등 양폐(養肺), 보폐(補肺), 윤폐(潤肺) 작용이 있으며 귀경이 폐로 들어가는 식품을 사용한다. 그러나 같은 보하는 식품이라도 용안육, 대추, 밤, 감실, 연자 등은 효과가 없는데 이는 귀경이 폐로 들어가지 않기 때문이다.

또한 한방에서 신장이 허약하여 허리가 아픈 사람에게 밤, 호두, 깨, 산약, 상심자, 돼지신장, 구기자, 두충 등을 사용하지만 백합, 용안육, 대추, 은이버섯, 인삼 등의 보하는 식품은 사용하지 않는데 이것도 모두 귀경이 다르기 때문이다.

그 밖에 보하는 식품 중에 돼지심장, 용안육, 백자인, 소맥 등은 심장을 보하면서 정신을 안정시키는 작용이 있어 가슴이 두근거리는 증상이나 불면증을 치료한다. 산약, 편두, 찹쌀, 쌀, 대추 등은 비위경락으로 들어가며 비장과 위장을 튼튼하게 하는 작용이 있어 비장이 허약하여 변이 묽게 나오는 사람에게 사용한다. 상심자, 구기자, 여지, 검정깨, 돼지간, 양간 등은 간경으로 들어가며 간장과 혈액을 보하는 작용이 있어 간에 혈이 부족하여 나타나는 머리가 어지럽고 눈이 침침한 증상에 사용한다.

청열식품은 열과 화를 내리는 작용이 있는 찬 성질의 식품을 말한다. 같은 성질의 식품이라도 귀경이 다르면 효능이 달라지는데 폐경락으로 들어가는 식품은 폐열을 내리는 작용이 있으며 심경락으로 들어가는 식품은 심화를 내리는 작용이 있고 간경락으로 들어가면 간열을 내린다. 따라서 같은 한량성 식품인 배, 바나나, 감, 상심자, 셀러리, 미나리, 연자심, 미후도 등은 모두 청열작용이 있지만 효능은 서로 다른데 배나 감은 폐경으로 들어가 폐열을 내리며 바나나는 대장경락으로 들어가 대장열을 내리고 상심자는 간경락으로 들어가 간의 허열을 내리며 셀러리나 미나리는 간화를 내리고 연자심은 심화를 내리며 미후도는 신허로 인한 방광경락을 내린다.

이것은 고대부터 생활과 임상의 경험을 토대로 전해 내려온 것이며 식물(食物)의 귀경과 오미 관계는 매우 밀접하다.

예를 들면 신맛의 발산성 식물은 폐로 들어가 표증과 폐의 기운이 잘 퍼져 나가도록 하여 기침과 같은 증상을 치료한다. 식물(食物)로는 파, 생강, 고수 등이 있다. 쓴맛의 청열, 하강성 식물은 심장으로 들어가 심화가 위로 올라가는 증상이나 소장에서 열이 나는 증상을 치료한다. 식물(食物)로는 고과, 녹차 등이 있다. 단맛은 보허성 식물로 비장으로 들어가 빈혈이나 허약한 증상을 치료하며 식물(食物)로는 대추, 꿀, 산약 등이 있다. 신맛의 수렴성 식물(食物)은 간으로 들어가고 간담질환을 치료하며 식물(食物)로는 오매, 산사 등이 있다. 마지막으로 짠맛은 신장으로 들어가고 간이나 신장의 음이 부족하여 일어나는 질환이나 소모성질환(당뇨병, 갑상선항진증)을 치료하며 자라나 해초류가 여기에 속한다.

각 장기로 들어가는 식물(食物)을 살펴보면 다음과 같다.

(1) 심장

거자채, 고추, 연근, 녹두, 팥, 보리, 술, 하엽, 감, 백합, 도인, 수박, 용안육, 산조인, 연자, 돼지껍질, 해삼 등

(2) 간

토마토, 수세미, 유채, 비자, 부추, 술, 식초, 도인, 향채, 산사, 행인, 앵두, 오매, 오디, 여지, 검정깨, 망고, 무화과, 배, 산조인, 해파리, 청어, 장어, 새우, 조개, 자라육, 게, 조개, 민들레, 아카시아꽃, 국화꽃, 불수, 하엽, 구기자, 여정자, 미나리 등

(3) 비장

생강, 향채, 간장, 연근, 가지, 토마토, 두부, 유채, 호박, 콩, 당근, 무, 동과피, 육계, 고추, 메밀, 고구마, 마늘, 수수, 쌀, 조, 보리, 검정콩, 대추, 무화과, 땅콩, 오매, 귤, 망고, 연자, 포도, 용안육, 돼지고기, 소고기, 닭고기, 양고기, 개고기, 해초, 자라, 조개, 붕어, 잉어, 미꾸라지 등

(4) 폐

생강, 파, 향채, 무, 동과, 양파, 겨자, 유채, 연근, 마늘, 당근, 셀러리, 버섯, 해초, 술, 차잎, 율무, 꿀, 감, 행인, 백합, 배, 은행, 오매, 귤, 포도, 호두, 오리고기, 연어, 도라지, 더덕 등

(5) 신장

마늘, 참죽나무순, 비자, 후추, 회향, 부추, 간장, 보리, 해파리, 해초, 해삼, 장어, 붕어, 해마, 곰발바닥, 오리고기, 양고기, 개고기, 태반, 메추리알, 조개, 검정콩, 앵두, 검정깨, 밤, 구기자, 호두, 육계, 연자, 감실, 고구마, 율무 등

(6) 위

생강, 연근, 가지, 수세미, 시금치, 완두, 찹쌀, 감자, 토마토, 산사, 올방개, 앵두, 사과, 레몬, 목이버섯, 메밀, 식초, 두부, 무, 오이, 고추, 고구마, 수수, 조, 보리, 대추, 시금치, 오매, 망고, 선지, 돼지고기, 닭고기, 개고기, 소고기, 우렁이, 청어 등

(7) 방광

고사리, 소회향, 옥수수, 동과, 우렁이, 수박, 육계 등

(8) 대장경

감자, 시금치, 비름나물, 배추, 동과, 고과, 가지, 두부, 고사리, 죽순, 호박, 표고버섯, 비자, 메밀, 무화과, 감, 도인, 바나나, 꿀, 붕어, 옥수수, 목이버섯, 후추, 석류, 복숭아 등

(9) 소장

소금, 팥, 비름나물, 동과, 오이, 양젖 등

4) 오색

모든 생물은 자연계에서 영양분을 섭취하여 생명을 유지하고 발육과 성장을 하며 후대를 번식한다. 그러면서 각자의 독특한 색채를 나타내는데 이것은 인체의 경락에 흐르는 기운과 같은 것으로 그 생물이 가지고 있는 기운의 특성이다. 식물(植物)을 예로 들면 어떤 나무는 흰 꽃을 피우고 어떤 나무는 노란 꽃을 피우거나 붉은 꽃을 피우기도 한다. 동양의학에서 정체관념의 자연과의 통일성의 이론에 의해 이러한 특성을 인체에 결합하여 이용한다. 예를 들면 흰 꽃을 피우는 살구는 그 씨앗을 행인이라고 하며 천식이나 기침을 치료하는 약으로 사용하는데 흰색은 폐로 들어가므로 폐질환을 치료하는 것이다. 붉은 꽃을 피우는 복숭아의 씨는 도인이라고 하여 어혈을 풀어주고 혈액순환을 돕는 약으로 사용하는데 붉은색은 심장으로 들어가고 심장은 혈액을 주관하기 때문이다.

무는 소화기능을 도와주며 가래를 없애고 기침을 멈추게 하는 효능이 있는데 녹색이 많은 무는 소화를 돕는 작용이 강한 반면에 흰색이 많은 무는 가래를 없애고 기침을 멈추게 하는 효능이 강하다.

이처럼 동양의학에서는 음양오행학설을 근거로 하여 자연계에 존재하는 식물의 특성을 색채의 관점에서 이해하고 활용한다. 색채의 기본은 오색이며 오색은 오장과 밀접한 연관이 되어 있다고 여긴다.

요즈음 영양학적으로도 식품의 색채 연구가 활발하게 진행되고 있는데 영양소의 함량이 색에 따라 다르다는 것을 알 수 있으며 앞으로 많은 발전이 있으리라 생각된다. 단지 약선은 동양의학의 이론으로 설명하고 있지만 영양학적인 방법으로 활용할 수 있다면 인류의 건강에 많은 도움이 될 것이다.

(1) 적색

혈액의 색으로 화에 속하며 열을 상징하고 주로 순환기계통으로 작용한다. 홍색식품은 오행상 화에 속하고 혈맥을 주관한다. 귀경은 심장으로 들어가며 심장을 튼튼하게 하는 작용과 혈액순환을 활발하게 하고 혈전을 풀어주는 효능이 있다. 혈액으로 인해 발생되는 여러 가지 질환, 즉 고혈압, 동맥경화, 심근경색, 고지혈증 등에 효과가 있으며 혈액이 부족하여 발생하는 빈혈과 각종 질환에도 효과가 있고 혈액을 저장하는 간장질환에도 좋은 효과가 있다. 또한 혈액을 만드는 장기는 비장으로 비장의 생혈작용을 도와준다. 홍색식품으로는 홍사과, 홍무, 홍도, 토마토, 딸기, 수박, 당근, 산사, 대추, 앵두 등이 있다. 구체적인 효능을 살펴보면 다음과 같다.

- 토마토 : 현대의학적으로는 혈지방을 낮추고 고혈압, 비만, 당뇨에 효과가 있으며 심장과 신장, 간장질환에 좋은 식품이며 한방에서는 생으로 먹으면 활혈작용이 강하고 달걀과 함께 먹으면 보혈작용이 강하다.
- 딸기 : 동맥경화나 심장질환, 고혈압, 뇌출혈, 당뇨, 변비에 효과가 있다.
- 수박 : 이뇨작용이 강하며 주로 심장의 열을 식히고 고혈압에 효과가 있다.
- 사과 : 홍사과는 생으로 먹으면 혈액순환을 돕고 어혈을 풀어주며 혈지방을 낮추고 고혈압, 비만, 변비에도 효과가 좋고 익히면 보혈작용이 강해진다.
- 당근 : 보혈작용이 강하여 발육을 촉진시키고 콜레스테롤이 높거나 고혈압, 담결석, 야맹증 등을 치료하며 항암, 소염작용이 있다.
- 산사 : 소화제로 쓰이며 혈지방을 낮추고 동맥경화나 심장질환에 효과가 있다.
- 대추 : 신경쇠약이나 빈혈, 심혈관질환에 많이 쓰이며 백혈구 혈소판감소증에 효과가 있다.

(2) 백색

흰색은 오행상으로 폐에 속하며 폐는 기를 주관하고 수액을 조절하는 작용이 있다. 따라서 흰색식품은 기운을 상징하므로 기의 흐름이 정상적이지 못한 질환에 도움이 된다. 예를 들면 기가 위로 올라와 나오는 기침이나 천식에 효과가 있고 기가 정체되어 나타나는 복부팽만이나 습이 뭉쳐 담이 생긴 증상에 좋고 수액대사를 조절하는 기능이 있어 이뇨작용이 있으며 진액을 만드는 작용이 있다. 그러므로 폐를 윤택하게 하므로 폐가 건조하여 마른기침을 하거나 각혈을 하는 증상에 효과가 있다. 그리고 기관지의 공기흐름을 원활하게 하고 호흡을 편안하게 하며 기침이나 가래를 없애주고 피부를 윤택하게 한다. 그리고 폐를 튼튼하게 하는 효능이 있어 감기에 자주 걸리는 사람에게도 좋고 인후가 건조하거나 열이 있으며 붓고 통증이 있는 사람에게 효과가 있다. 흰색식품으로는 은이버섯, 백합, 백과, 행인, 연근, 배, 무, 도라지, 양파, 사삼, 콩나물, 숙주나물 등이 있다.

- 배 : 津液(진액)을 만들어 갈증을 해소하고 마른기침을 멈추게 하며 가래를 삭이는 작용이 있다.
- 무 : 소화를 도우면서 가래가 많은 해소 천식이나 만성기관지염에 좋고 이뇨작용이 있으며 숙취에도 좋은 식품.
- 양파 : 기운을 강하게 하여 혈액순환이 잘되게 하므로 고혈압이나 심혈관질환에 효과가 있으며 소화불량이나 위산분비가 적은 사람에게 좋은 식품.
- 도라지 : 폐의 기운을 잘 소통시켜 기침을 멈추고 가래를 삭이며 인후종통을 치료하고 폐의 농을 배출시킨다.
- 더덕 : 폐열로 인한 기침이나 인후가 건조하여 목소리가 나지 않는 증상에 효과

가 있으며 폐결핵에 많이 사용함.

- 백합 : 폐를 윤택하게 하여 마른기침이나 각혈에 좋고 만성기관지염, 기관지확장
  증, 폐결핵 또는 폐암에 효과가 있다.

(3) 황색

황색식품은 곡물류나 과일에 많으며 비위경락으로 들어간다. 비위는 후천지본이라 하여 소화흡수를 주관하고 기혈을 생성하며 운화기능에 의해 수곡의 정미물질을 운반하는 역할을 한다. 땅에서 모든 생물이 존재하고 자라나는 것처럼 인체를 구성하는 각종 영양물질을 흡수하여 인체의 각 부분에 제공한다. 따라서 황색식품은 비(脾) 부분을 튼튼하게 하고 위(胃) 부분을 편하게 하는 작용이 있어 소화기계통이 약한 사람이나 기혈부족으로 체격이 허약한 사람에게 좋고 대변이 묽고 복통 설사를 자주 하는 사람에게 효과가 있다. 황색식품으로는 단호박, 감자, 조, 옥수수, 대두, 바나나, 귤, 오렌지, 파인애플, 사탕수수 등이 있다.

- 단호박 : 비위경으로 들어가며 중초를 보하고 기운을 돕고 혈지방과 혈당을 낮추
  어 고지혈증, 비만, 당뇨, 암을 예방한다.
- 대두 : 비, 대장경으로 들어가며 비장을 튼튼하게 하고 보혈작용과 이뇨작용이
  있으며 영양불량이나 청소년들의 성장 발육에 도움이 된다.
- 귤 : 간, 위경으로 들어가며 기가 뭉치는 것을 풀고 기기(기의 운동)를 조절하며
  소화를 돕고 가래를 없애며 숙취해소에 도움을 주고 갈증을 멈추게 한다.
- 좁쌀 : 비위가 허약하여 구토나 설사에 효과가 있다.
- 옥수수 : 비위를 튼튼하게 하고 심혈관질환이나 비만에 적합하다.

- 바나나 : 위나 십이지장 궤양에 좋고 변비 또는 치질에 효과가 있다.
- 감자 : 비장을 도와 기운이 나게 하고 위, 십이지장궤양에 효과가 있다.

(4) 청록색

청록식품은 청색이나 녹색을 모두 포함하며 주로 채소류나 익지 않은 과일류에 많으며 성질이 차서 열을 식혀 주고 기운을 소통시키는 작용이 강하다. 간으로 들어가며 간의 소통기능을 활발하게 하며 기운을 정상적으로 소통시키는 역할을 한다. 비위의 운화기능도 간의 소통기능에 의존하는데 기기(기의 운동)의 이상으로 발생하는 여러 가지 질병에 효과가 있다. 예를 들면 기운이 울결되어 위로 올라와서 생기는 두통(고혈압)이나 어지러운 증상을 해소하고 탁한 기운을 맑게 해주는 해독작용이 있다. 또한 녹색식품은 탁한 혈액을 맑게 하는 기능이 있어 혈액순환에 도움을 주며 신진대사를 활발하게 하여 동맥경화, 고지혈증, 비만, 당뇨 등 현대성인병에 효과가 있다.

녹색식품으로는 미나리, 셀러리, 청경채, 부추, 시금치, 냉이, 고수, 비름나물, 피망, 녹두, 완두콩 등이 있다.

- 미나리 : 청열해독작용이 강하고 간열을 내려 기운을 소통시켜 고혈압, 고지혈증 등에 많이 사용하며 숙취에도 좋다.
- 쑥갓 : 고혈압으로 인한 어지럼증에 사용하며 기침이나 소변이 잘 나오지 않을 때 효과가 있다.
- 셀러리 : 열을 내리고 간을 안정시키는 효능과 풍을 없애고 습을 제거하는 작용이 강하여 고혈압이나 두통, 눈이 충혈되는 것을 치료한다.
- 유채 : 혈독으로 인한 종기를 낫게 하고 지혈작용이 강하다.

- 시금치 : 혈압을 낮추고 빈혈에 좋으며 숙취에 효과가 있으며 보혈작용이 있다.
- 녹두 : 열을 내리고 해독작용이 있으며 더위를 식히고 갈증을 해소하며 이뇨작용과 부기를 가라앉히는 효능이 있다.
- 완두콩 : 중초를 편하게 하며 기운을 아래로 내리고 이뇨작용이 있으며 산모의 모유를 잘 나오게 하는 효능이 있다.

(5) 흑색

흑색식품은 검정색 외에 갈색, 자주색을 포함한 것을 말하며 고단백 저지방 식품으로 콜레스테롤이 거의 없고 각종 비타민이 풍부하며 광물질과 섬유질이 많다. 음양오행에서 검정색은 신장으로 들어가고 물에 속하므로 신장의 기능을 향상시킨다. 신장은 선천의 장기로 부모로부터 받은 원기를 저장하여 인체의 모든 기능을 조절하고 신체의 발육과 노화를 주관하며 생식기능과 수명을 결정하는 중요한 장기다. 따라서 흑색식품은 신체를 튼튼하게 하며 피부를 부드럽게 하고 머리가 검고 윤택하게 하며 두뇌를 총명하게 하고 노화를 방지하는 효능이 있다. 현대의학에서는 주로 고혈압, 심장병, 신장병, 혈관경화, 당뇨병, 비만증, 암증, 변비 등에 효과가 있다.

식품으로는 오골계, 해삼, 자라, 가물치, 흑어, 전갈, 표고버섯, 목이버섯, 검정깨, 검정콩, 김, 미역, 다시마, 자채, 흑미, 흑대추, 수박씨, 번데기, 메밀, 올방개, 가지, 오디, 게, 미꾸라지, 고동, 해바라기씨, 흑마늘 등이 있다.

- **검정콩** : 신장이 약해 요통, 귀울림, 식은땀, 냉대하에 효과가 있으며 산후중풍이나 부종에 좋다.

- **검은쌀** : 간과 신장을 보하는 작용이 강하여 노화를 방지하고 머리가 빨리 희어 지는 것을 예방하며 심혈관질환이나 당뇨에 효과가 있다.

- **검정깨** : 간과 신장을 윤택하게 하는 기능이 있으며 피부를 윤택하게 하고 변비 를 해소하고 기미나 주근깨를 예방하며 눈을 밝게 해 준다.

- **오골계** : 산후 체력이 약하거나 기혈부족, 영양불량인 사람에게 좋으며 신장의 허약으로 인한 생리불순, 요통 등에 효과가 있다.

- **오디** : 보혈작용이 강하며 간과 신장의 허약으로 인한 귀울림, 신경쇠약으로 인 한 불면증, 변비 등에 효과가 있다.

남녀노소약선
응용편

男女老少

노인을 위한 약선요리

하수오밥

🍵 약선의 효능

선천적으로 허약한 체질로 간장과 신장의 정혈이 약하여 머리가 일찍 희어지면서 조로 (早老)현상이 있는 사람이나 잔병치레가 많은 사람, 건망증, 어지러움, 이명이 나타나는 사람에게 효과가 있으며 특히 체질이 허약한 어르신이나 발육이 늦은 어린이에게 좋다.

▎재료▎

● **식재료** : 쌀 400g, 검정콩 50g, 검정쌀 30g
● **약재료** : 백하수오 20g, 구기자 20g, 검인 20g

| 검인 | 구기자 | 백하수오 |

| 검은쌀 | 검정콩 | 쌀 |

| 만드는 법 |

1. 곡물류는 모두 깨끗이 씻어 물에 불린다.
2. 하수오는 물에 불려 잘게 썰어 준비한다.
3. 구기자는 깨끗이 씻어 놓는다.
4. 위의 재료를 밥솥에 넣고 물을 적당히 넣어 밥을 한다.

| 배합원리 |

하수오는 간, 신장경으로 들어가며 간과 신장을 보하며 정혈을 돕고 머리를 검게 하며 노화를 예방
한다. 검정콩, 검정쌀과 함께 사용하면 신정을 보하는 효과가 더욱 강해진다. 검인은 가시연밥으로
비장을 튼튼하게 하고 신장의 정기를 보하는 효능이 있어 배합하였으며 구기자는 간, 신장을 보하
여 노화를 예방하는 효과가 있다.

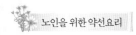

오자갈낙탕

☛ 약선의 효능

신장을 따뜻하게 하고 튼튼하게 하며 신정을 안정시켜주는 효능이 있는 약선으로 기력
이 허약하고 특히 하체가 허약하고 무릎이 시며 허리가 아프고 신장이 허약하여 남성
에게 나타나는 성기능저하, 야간다뇨증, 요실금, 양위 등의 증상에 효과가 있으며 두훈
이나 이명현상에도 효과가 있다.

|재료|

- **식재료** : 갈비 1kg, 낙지 3마리, 무 300g, 청경채 3개, 불린 당면 한줌, 마른고추 3개,
  대파 1개, 마늘 5개, 표고버섯 2개, 생강 20g, 소금 적당량
- **갈비양념** : 집간장, 다진마늘 1큰술, 후추, 참기름
- **약재료** : 황기 30g, 오자(구기자 10g, 토사자 10g, 복분자 10g, 흑임자 10g, 상심자 10g), 대추 5개

낙지 　황기 　무 　복분자 　상심자 　갈비 　구기자 　토사자 　흑임자

만드는 법

1. 갈비는 찬물에 1시간 정도 담가 핏물을 제거한다.
2. 핏물을 제거한 갈비를 끓는 물에 넣어 데친다.
3. 데친 갈비와 무, 대파, 마늘, 생강, 표고버섯 꼭지, 마른고추, 약재를 넣고 1시간 정도 은근히 끓인다.
4. 익은 갈비는 건져내어 양념으로 재어둔다.
5. 약재와 무는 건져내고 육수를 걸러서 맑게 준비한다.
6. 갈비육수에 양념한 갈비를 넣고 5분 정도 끓인다.
7. 낙지, 불린 당면, 표고버섯, 청경채를 깨끗이 손질하여 넣고 한소끔 끓인다.
8. 낙지가 익으면 불을 끄고 대파와 구기자를 넣어 완성한다.

배합원리

기혈을 보하는 소갈비와 낙지가 주재료이며 여기에 기운을 보하는 황기와 "오자"의 약재를 배합하므로 기운을 보충하고 신장의 기능을 강하게 하여 나이 드신 어르신이나 선천적으로 신장의 기능이 약한 사람에게 적합하다. 무는 소화를 돕고 이뇨작용이 있으며 맛을 깨끗하게 하는 효과가 있으며 마늘과 생강도 소화를 돕고 우리 몸의 노폐물을 제거하고 해독작용을 하며 혈액순환을 돕는다. 표고버섯은 기운을 보하고 비장을 튼튼하게 하며 청경채는 장을 튼튼하게 하고 고기의 부족한 영양소를 공급하며 요리의 색을 맞추는 역할을 한다.

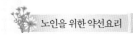

새우부추볶음

약선의 효능

신장의 양기를 보하고 중초를 따뜻하게 하는 작용이 있어 양기가 부족하여 손발이 차고 허리가 아프고 소변을 자주 보는 어르신이나 아랫배가 찬 부인들에게 효과가 있으며 모유가 잘 나오지 않는 산모에게도 유익한 약선이다.

|재료|

- **식재료** : 새우 200g, 부추 300g, 달걀 2개, 양파 100g, 다진마늘 1큰술, 요리술 1큰술, 참깨, 굴소스, 소금·후추 약간
- **약재료** : 호두 50g

새우

양파

달걀

호두

부추

┃만드는 법┃

1. 새우는 껍질을 벗기고 손질하여 준비한다.
2. 부추는 깨끗이 씻어 적당한 길이로 잘라 놓는다.
3. 양파는 채를 썰고 달걀을 다른 그릇에 풀어 놓는다.
4. 팬에 기름을 두르고 마늘과 양파를 볶아 향이 나면 새우를 넣고 요리술을 뿌려준다.
5. 부추는 두꺼운 부분부터 넣어 같이 볶는다.
6. 달걀은 스크램블을 하여 섞어준다.
7. 굴소스와 소금, 후추로 간을 하고 호두를 잘게 부셔 올려낸다.

┃배합원리┃

새우는 간경과 신장경으로 들어가며 신장의 양기를 돕는 효능이 있어 신양부족의 모든 증상에
도움이 된다. 부추는 중초를 따뜻하게 하고 신장의 양기를 도우며 혈전을 풀어주는 효능이 있어
배합하였으며 호두는 두뇌발달과 폐를 윤택하게 하는 효능이 있으며 달걀은 동물성 완전식품으
로 영양을 보충하여 준다.

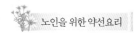

보정補精콩자반

🫖 약선의 효능

신장과 비장을 튼튼하게 하고 활혈작용과 이수작용이 있는 약선으로 비, 신장이 허약하여 나타나는 수종에 효과가 있으며 신장이 허약하여 나타나는 요통, 산후풍, 도한, 자한 등에 좋고 어린이 유뇨증에도 도움이 되며 노화예방에 효과가 있다.

|재료|

- **식재료** : 검은콩 500g, 간장 ½컵, 청주 3큰술, 물엿 3큰술, 설탕 1작은술, 참깨, 참기름 약간, 물 10컵
- **약재료** : 백하수오 20g, 구기자 20g

검정콩   백하수오   숙지황

구기자   연자   호두

┃만드는 법┃

1. 콩을 물에 깨끗이 씻어 준비한다.
2. 콩에 물과 간장, 청주, 약재를 넣고 센 불에 끓이다가 중간불로 줄여 졸인다.
3. 콩이 익으면 물엿과 설탕, 참기름, 참깨를 넣고 완성한다.

┃배합원리┃

검정콩은 신장과 비장을 튼튼하게 하고 활혈작용과 이수작용이 있어 부종이나 황달에 도움이 되고 노화예방에 좋은 식품이다. 하수오는 신장을 튼튼하게 하고 노화예방에 효과가 있어 배합하였으며 숙지황은 보혈작용이 있고 연자는 심, 비, 신장을 보하는 효과가 있어 배합하였다. 호두는 폐와 신장을 보하고 치매예방에 도움이 되는 식품이다.

어린이를 위한 약선요리

단호박영양밥

👉 약선의 효능

성장기에 있는 어린이들의 기혈을 보하고 오장육부를 튼튼하게 하며 성장 발육과 두뇌발달을 돕는 약선으로 어린이 비만, 변비 등에 효과가 있으며 면역력 향상에 도움이 된다. 또한 비위를 편하게 하고 기운을 보하는 작용이 있으며 신진대사를 활발하게 한다.

|재료|

● **식재료** : 단호박 2개, 조 50g, 쌀 300g, 찹쌀 100g, 당근 30g, 양파 30g, 소금 약간
● **약재료** : 백합 30g, 산약(생마) 50g, 연자 20g, 구기자 10g, 호두 30g

산약　쌀　조　찹쌀

호두　구기자　연자　백합　단호박　당근

만드는 법

1. 쌀, 찹쌀, 조, 연자, 백합은 깨끗이 씻어 불려 놓는다.
2. 호두, 당근, 마, 양파는 손질하여 잘게 썰어 놓는다.
3. ❶과 ❷의 재료를 넣고 소금간을 하여 밥을 짓는다.
4. 단호박은 윗부분을 잘라서 속을 파내어 준비한다.
5. ❸의 밥을 단호박 속에 넣고 찜기에 쪄낸다.

배합원리

단호박은 성질이 평하고 맛은 달다. 폐경, 비경, 위경으로 들어가며 폐와 중초를 보하고 혈지방을 낮추며 중금속을 배출하는 작용이 있다. 쌀과 조는 비위를 편하게 하고 기운을 만들어 준다. 산약은 비장, 신장, 폐를 보하고 연자는 심장, 비장, 신장을 튼튼하게 한다. 호두는 두뇌발달을 돕고 백합은 정신 안정을 시킨다. 당근은 보혈작용이 있고 근골을 튼튼하게 하여 성장 발육에 도움을 준다.

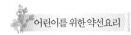

은이뚝배기불고기

☛ 약선의 효능

기혈을 보하고 근골을 튼튼하게 하며 폐를 윤택하게 하는 약선으로 신장의 양기와 음기를 모두 보한다. 특히 신장이 허약하여 허리가 아프고 관절이 시리며 하체가 부실한 어르신에게 효과가 좋으며 발육이 부진한 어린이에게도 적합한 약선이다.

┃재료┃

● **식재료** : 소고기 400g, 은이버섯 15g, 목이버섯 10g, 표고버섯 2개, 당근 1개, 양파 1개, 대파 1개, 당면 한줌, 참기름

● **불고기양념** : 간장 ½컵, 양파즙 3큰술, 마른고추 5개, 사과즙 5큰술, 배즙 5큰술, 물엿 5큰술, 설탕 1큰술, 정종 2큰술, 마늘, 참깨, 참기름, 후추

● **약재육수** : 황기 30g, 용안육 30g, 하수오 20g, 상기생 10g, 구기자 10g, 다시마 10g, 멸치 15g(200cc)

은이버섯

구기자

용안육

소고기

목이버섯

상기생

하수오

황기

┃만드는 법┃

1. 소고기는 불고기양념에 재어놓는다.
2. 약재육수는 30분 정도 끓인 후 걸러서 준비한다.
3. 은이버섯, 목이버섯, 당면은 물에 불려 준비한다.
4. 양파와 당근, 대파는 채 썰어 놓는다.
5. 팬에 기름을 두르고 양파를 먼저 볶다가 재워둔 불고기를 넣고 약간만 볶는다.
6. 약재육수를 넣고 은이버섯, 목이버섯, 당면, 당근을 넣고 한소끔 끓여낸다.
7. 대파를 넣고 마지막에 참기름을 넣어 완성한다.

┃배합원리┃

소고기는 비위로 들어가 기혈을 보하고 근골을 튼튼하게 하는 효능이 있어 허약한 체질에 좋으며
황기는 보기작용이 있고 용안육은 보혈작용이 있어 소고기의 기혈을 보하는 작용을 돕는다. 은이
버섯과 목이버섯은 폐를 윤택하게 하고 신장을 보하며 기운과 진액을 만들어 몸을 윤택하게 하는
작용이 있어 배합하였으며 하수오, 상기생, 구기자는 신장을 튼튼하게 하고 정혈을 보하는 작용이
있어 배합하였다.

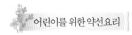

한방 장조림

🍖 약선의 효능

기혈을 보하고 근육과 뼈를 튼튼하게 하며 정신을 안정시키고 뇌기능을 향상시켜 성장기에 있는 어린이의 성장 발육을 빠르게 하고 머리를 좋게 하며 몸이 허약한 노인들에게는 기력을 튼튼하게 하며 노화를 방지하고 심장병을 예방하는 약선이다.

|재료|

- **주재료** : 소고기 400g, 메추리알 30개, 호두 10개, (꽈리고추 20개)
- **부재료** : 간장 ½컵, 설탕 1큰술, 올리고당 2큰술, 사과 100g, 배 100g, 양파 50g,
  대파 1뿌리, 요리술, 통후추, 생강 적당량, (건고추 2개)
- **약재료** : 숙지황 20g, 용안육 15g, 연자 10g, 황기 30g, 대추 10개, 감초 3g, 구기자 10g

숙지황   용안육   연자

구기자

호두

대추   황기   감초

소고기(홍두깨살)   메추리알

만드는 법

1. 소고기를 1시간 정도 찬물에 담근 후 데쳐서 핏물을 제거한다.

2. 메추리알은 삶아 껍질을 벗겨 준비한다.

3. 소고기에 대파, 통후추, 양파, 생강, 황기, 감초를 넣고 40분 정도 삶는다.

4. 소고기는 건져내고 면포에 걸러 육수를 준비한다.

5. 소고기는 먹기 좋은 크기로 준비한다.

6. 소고기와 메추리알, (꽈리고추), 육수, 간장, 설탕, 올리고당, 요리술, 사과, 배, 건고추, 숙지황, 용안육, 연자, 대추를 넣고 조린다.

7. 완성된 조림의 사과, 배, (건고추)는 건져내고 구기자를 넣어 완성한다.

배합원리

소고기는 기혈을 보하고 근육과 뼈를 튼튼하게 하는데 여기에 기를 보하는 황기와 혈을 보하는 숙지황을 배합하여 소고기의 효능을 더욱 강하게 만들었다. 민간요법으로 용안육과 구기자, 메추리알을 배합하여 기혈을 보하는 약선으로 많이 사용하여 왔으며 심장병이나 정신을 안정시키는 작용은 용안육과 연자를 배합하여 사용하는데 여기에서는 메추리알과 용안육, 연자, 구기자를 모두 배합하여 기혈을 보충하면서 정신을 안정시키는 효과가 있도록 배합하였다. 대추와 감초는 약성을 부드럽게 만드는 역할을 한다.

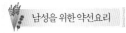 남성을 위한 약선요리

십전대보누룽지백숙

약선의 효능

기운이 부족하고 몸이 허약한 사람들에게 적합한 약선으로 기혈을 보하고 체력을 튼튼하게 하며 면역력을 증강시키는 효능이 있다. 기운이 없고 얼굴색이 창백하며 식욕이 없고 사지가 무거우며 무기력한 사람에게 효과가 좋다.

"십전대보탕" 송나라 《화제국방》

재료

- **식재료** : 토종닭 1마리, 찹쌀 500g, 소금
- **약재료** : 황기 50g, 인삼 1뿌리, 엄나무 50g, 백출 10g, 당귀 6g, 감초 6g,
  숙지황 30g, 용안육 12g, 복령 10g, 천궁 10g, 생강 3편, 대추 5개

당귀 · 대추 · 백출 · 생강 · 황기
감초 · 숙지황 · 용안육 · 복령 · 엄나무 · 천궁
닭 · 찹쌀 · 인삼

▌만드는 법▐

1. 닭은 내장을 제거하고 깨끗이 씻어 준비한다.

2. 약재는 깨끗이 씻어 준비한다.

3. 찹쌀은 깨끗이 씻어 물에 1시간 정도 불려둔다.

4. 닭 속에 약재를 넣고 양다리를 교차시켜 고정한다.

5. 압력솥에 불린 찹쌀을 바닥에 깔고 약재를 넣은 닭을 올린다.

6. 물은 2리터를 넣고 소금으로 간을 한 후 조리한다.

▌배합원리▐

닭고기는 성질은 따뜻하고 맛은 달며 비위경으로 들어간다. 비위를 보하고 중초를 따뜻하게 하고 기운을 만들어 주며 허약한 몸을 보하고 근골을 튼튼하게 하는 효능이 있다. 여기에 기혈을 보하고 면역력을 증강시키며 허약한 체질을 개선시키는 "십전대보탕"을 배합하여 체력이 약한 남성이나 일시적인 과로로 인해 허약해진 남성에게 신체를 튼튼하게 하며 피로회복에 효과가 있도록 하였다. 누룽지는 비위를 편하게 해주고 기력을 증진시키는 효능이 있다.

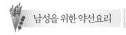

홍어미나리무침

🔖 약선의 효능

소화를 돕고 담을 삭이며 위와 장을 튼튼하게 하는 효능이 있으며 관절을 부드럽게 하고 피부를 윤택하게 하며 기운을 잘 통하게 하는 약선으로 봄철 입맛을 돋우어 주고 숙취해소에 도움이 되며 간기운을 잘 통하게 하고 현대성인병이 있는 사람들에게 유익하다.

┃재료┃

- **식재료** : 홍어 500g, 미나리 300g, 청고추 2개, 홍고추 2개, 양파 ½개
- **양념재료** : 고추장 2큰술, 고춧가루 2큰술, 다진마늘 1큰술, 설탕 2큰술, 매실청 2큰술,
  식초 7큰술, 참깨 1큰술, 참기름 1작은술
- **약재료** : 백합 20g, 구기자 20g

구기자

홍어

백합

미나리

만드는 법

1. 홍어는 내장을 제거하고 껍질을 벗긴다.
2. 손질한 홍어를 먹기 좋은 크기로 잘라 칼등으로 두들겨 부드럽게 한 후 막걸리에 담가둔다.
3. 백합과 구기자는 깨끗이 씻어 물에 불린다.
4. 미나리는 식초를 넣은 물에 잠시 담가 놓았다가 깨끗이 씻는다.
5. 양념장은 위의 재료를 모두 넣고 잘 저어 만든다.
6. 홍어를 건져 물기를 꼭 짜고 미나리, 백합, 구기자와 함께 양념장에 버무린다.

배합원리

홍어는 가오리과에 속하며 성질은 차고 맛은 쓰고 짜며 위경, 폐경, 간경으로 들어간다. 가래를 삭이고 소화를 도우며 위와 장을 튼튼하게 한다. 또한 관절을 편하게 하며 피부를 윤택하게 하는 효능이 있다. 미나리와 배합하면 간기운을 잘 통하게 하여 안정시키고 숙취해소에 좋으며 현대성인병에 효과가 좋다. 백합을 배합하면 폐를 윤택하게 하고 심신을 안정시키는 효과가 있다. 구기자는 정혈을 돕고 폐를 윤택하게 하고 노화예방에 도움이 된다.

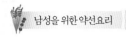

연근산약전

👉 약선의 효능

오장육부를 튼튼하게 하고 허약한 체질을 개선시키는 효능이 있으며 오장육부를 보하여 체력을 증강시키는 약선이다. 정신을 안정시키고 소화기능을 튼튼하게 하며 정혈을 보하는 효능이 있다. 특히 습열이 몸에 쌓여있거나 현대성인병을 가지고 있는 사람에게 적합하며 노화예방에도 도움이 된다.

|재료|

- **식재료** : 연근 300g, 달걀 2개, 부침가루 50g, 소금 약간
- **약재료** : 산약(생마) 300g, 구기자 20g, 율무가루 10g, 복령가루 10g

연근　　구기자　　복령가루

산약　　율무가루

만드는 법

1. 연근은 껍질을 벗기고 0.5cm 두께로 썰어 물에 담가 놓는다.

2. 손질한 연근을 물에 10분간 삶아 준비한다.

3. 산약은 껍질을 벗기고 강판에 갈아 준비한다.

4. 볼에 달걀, 부침가루, 율무가루, 복령가루, 구기자를 넣고 섞는다.

5. ❹에 갈아놓은 산약과 소금을 넣고 부침옷을 만든다.

6. 삶아 놓은 연근에 부침옷을 입혀 팬에서 부친다.

배합원리

연근은 맛은 달고 심, 간, 비, 위경으로 들어가며 허약한 체질을 개선하고 생진작용이 있으며 출혈증상에 도움이 된다. 산약은 비, 폐, 신장을 보하며 병후 체력이 약해진 사람이나 기운이 없는 사람에게 좋은 식품으로 당뇨나 허증으로 인한 만성천식, 신장병, 심혈관질환에 효과가 있다. 두 가지가 배합되어 허약한 체질을 보하고 체력을 증강시킨다. 복령과 율무는 비장을 튼튼하게 하고 습을 제거하는 효능이 있으며 구기자는 간과 신장을 보하고 근골을 튼튼하게 하며 노화예방에 좋은 효능이 있다.

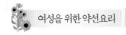 여성을 위한 약선요리

보혈오징어순대

👉 약선의 효능

양혈(養血), 자음(滋陰)작용이 강하고 간장과 신장을 보하는 작용이 있으며 심혈이나 간혈(肝血)부족으로 인한 모든 증상에 적합하다. 특히 빈혈이나 노인성 기혈부족, 갱년기종합증, 산후체력저하, 영양불량인 사람에게 적합하며 심장과 비장이 모두 허약하여 나타나는 신경쇠약, 불면증, 건망증, 기억력감퇴에 효과가 있으며 심장신경관능증(일종의 정신병), 심황(가슴이 비어있는 느낌의 증상), 심계(두근거림), 어지럼증을 치료한다.

┃재료┃

- **식재료** : 오징어 4마리, 찹쌀 200g, 당근 30g, 양파 50g, 부추 20g, 흑임자 20g,
  표고버섯(불린 것) 30g, 간장 1큰술, 참기름 10g, 밀가루 50g, 소금 10g
- **약재료** : 용안육 20g, 연자 20g, 구기자 10g, 대추 20g, 강황가루 6g

오징어   구기자   대추   연자

찹쌀   용안육   강황가루

만드는 법

1. 오징어는 다리를 떼어내고 손질하여 준비한다.
2. 오징어 다리는 따로 깨끗이 손질하여 잘게 다진다.
3. 대추는 씨를 제거하고 채 썬다.
4. 용안육은 물에 불려 잘게 자른다.
5. 야채는 모두 손질하여 잘게 잘라 놓는다.
6. 구기자는 물에 불린다.
7. 찹쌀은 30분 정도 불린 후 표고버섯, 용안육, 대추, 구기자, 연자, 강황가루를 넣고 찰밥을 짓는다.
8. 찰밥에 볶은 야채와 오징어다리, 부추, 흑임자, 간장, 소금, 참기름을 넣어 고루 버무린다.
9. 오징어 안쪽에 밀가루를 묻히고 준비한 찰밥을 넣고 끝을 꼬치로 고정시킨 후 찜통에 넣고 15분 정도 찐다.
10. 다 쪄지면 꺼내 썰어서 접시에 담는다.

배합원리

오징어는 보혈, 보음작용이 강하고 용안육은 심장과 비장으로 들어가며 심혈을 보하는 작용이 강해 정신을 안정시키는 효능이 있어 오징어와 배합하면 상호효능이 강해진다. 연자는 정신을 안정시키고 혈액을 도우며 비장을 튼튼하게 하고 설사를 멈추게 한다. 대추는 기운을 만들며 보혈작용이 있고 정신을 안정시키고 비장을 튼튼하게 하고 위를 편하게 하는 효능이 있다. 구기자는 간과 신장을 윤택하게 하고 정기를 보하며 근골을 튼튼하게 하며 눈을 밝게 하고 노화를 방지하는 효능이 있다. 따라서 효능이 비슷한 연자, 구기자, 대추를 배합하여 보혈, 보기작용이 강하고 심장과 비장을 튼튼하게 하며 정신을 안정시키는 작용을 더욱 강하게 한다. 강황가루는 혈액순환을 돕고 어혈을 풀어주는 효능이 있고 부추는 신장의 양기를 보하고 흑임자는 간과 신장을 보하고 오장을 윤택하게 한다.

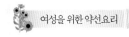

단삼오골계탕

☞ 약선의 효능

어혈을 풀어주고 혈액순환을 도우며 정신을 안정시키고 부인과 질환에 좋은 약선으로 생리통, 하혈, 생리불순에 효과가 있으며 협심증, 번열, 무서움증, 불면증에 효과가 있고 급만성간염에도 효과가 있으며 타박상으로 멍든 데도 도움이 된다.

|재료|

- **식재료** : 오골계 1마리, 쌀 200g, 찹쌀 50g, 흑임자 10g, 대파 1대, 굵은 소금 50g
- **약재료** : 건단삼 10g, 울금 20g, 황기 30g, 당귀 5g, 구감초 6g, 용안육 20g, 복신 10g,
  구기자 10g, 엄나무 30g, 생강 3편, 대추 5개

| 만드는 법 |

1. 오골계는 내장을 제거하고 깨끗이 씻은 후 소금을 뿌려 30분 정도 염장한다.
2. 쌀과 찹쌀은 깨끗이 씻어 물에 1시간 정도 불려둔다.
3. 약재는 깨끗이 씻어 준비한다.
4. 염장한 오골계를 물에 씻어 소금기를 제거한다.
5. 오골계 속에 약재를 넣고 양다리를 교차시켜 고정한다.
6. 압력솥에 불린 쌀과 찹쌀을 바닥에 깔고 약재를 넣은 오골계를 올리고 물은 2리터를 넣고 조리한다.

| 배합원리 |

오골계는 성질은 평하고 맛은 달며 간경, 신장경, 폐경으로 들어간다. 정혈을 보하고 허열을 내리며 여성들의 생리를 조절하는 효능이 있다. 단삼은 성질이 약간 차고 맛은 쓰며 혈액순환을 돕고 어혈을 풀어주며 보혈작용이 있고 정신을 안정시키는 효능이 있다. 복신은 비장을 튼튼하게 하면서 습을 제거하고 정신을 안정시켜준다. 울금은 혈액순환을 돕고 기운을 잘 통하게 하며 황달에도 효과가 있다. 용안육은 따뜻하고 달며 비장의 기운을 보하면서 심장의 혈을 보한다. 구기자는 몸을 자양하는 작용과 정혈을 보하고 흑임자를 배합하면 피부미용에 좋고 노화를 예방한다. 황기는 보기작용이 있으며 당귀는 보혈작용이 있고 용안육과 배합하여 보심양혈작용이 강해진다. 구감초는 보기건비작용과 여러 가지 약이 조화되도록 하며 생강과 대추는 비위를 조화롭게 하여 기혈이 잘 생화되도록 돕는다.

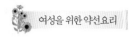

홍합방풍무침

👉 약선의 효능

정혈을 보하여 간과 신장을 튼튼하게 하고 특히 각종 부인과 질환을 치료하고 피부를 윤택하게 하며 빈혈이나 요통, 도한, 하혈, 냉대하 등에 효과가 있다. 또한 감기예방에 효과가 있으며 풍습성관절염에 도움이 되고 사지떨림이나 몸이 경직되는 현상을 예방한다. 성장기 어린이들이나 현대성인병에도 도움이 된다.

│재료│

• **식재료** : 홍합 1kg, 방풍잎 300g, 청고추 2개, 홍고추 1개, 양파 ½개, 구기자 5g
• **양념재료** : 고추장 3큰술, 된장 1큰술, 올리고당 1큰술, 사과 30g, 배 30g, 식초 2큰술,
　　　　　　고춧가루 1큰술, 참깨 1큰술, 매실청 2큰술, 참기름 1큰술, 다진마늘 1큰술

구기자

청고추

방풍잎

양파

홍고추

홍합

만드는 법

1. 홍합은 털을 떼어내고 깨끗이 씻어 준비한다.
2. 팬에 기름을 두르고 양파와 마늘 다진 것을 넣고 살짝 볶다가 홍합을 넣고 와인을 뿌린 후 뚜껑을 덮는다.
3. 홍합이 벌어지면 불을 끄고 꺼내 알맹이만 따로 식혀 놓는다.
4. 방풍잎을 끓는 물에 소금을 넣어 살짝 데친다.
5. 풋고추는 어슷하게 썰고 양파는 채 썬다.
6. 구기자는 물에 불려 놓는다.
7. 양념은 다른 그릇에 골고루 섞어 만든다.
8. 위의 재료를 합하여 무친다.

배합원리

홍합은 간과 신장의 음을 보하는 식품으로 풍부한 영양성분을 함유하고 있으며 정혈을 만들어주기 때문에 부인병에 효과가 좋고 성장기에 있는 어린이에게 좋은 식품이다. 구기자는 홍합과 비슷한 효능을 가지고 있어 홍합의 작용을 돕는다. 그러나 홍합은 따뜻하면서 습한 기운이 많아 습열이 많은 사람에게는 좋지 않는데 방풍잎을 배합하면 습이 제거된다. 또한 봄철에 많은 풍사로부터 몸을 보호하여 감기예방이나 피부가려움증에 도움이 되며 경락을 잘 통하게 하여 사지떨림이나 몸이 경직되는 증상에 도움이 된다.

계절약선
응용편

季節

봄 약선요리

구기자산약밥

☞ 약선의 효능

현대성인병에 유익하고 몸이 나른한 봄철에 알맞은 약선으로 면역력을 증강시키고 소화력을 도우며 폐, 간, 신장을 윤택하게 하고 노화를 예방하는 효능이 있다. 그리고 혈지방과 혈압을 조절하고 당뇨 환자에게도 좋으며 혈액순환을 개선시키는 효과가 있다.

▌재료▐

- **식재료** : 쌀 500g, 구기자 50g, 산약(생마) 300g, 당근 40g, 표고버섯 2개, 대추 8개
- **양념재료** : 달래 30g, 부추 10g, 집간장 5큰술, 다진파 1큰술, 다진마늘 1작은술,
  참기름 1작은술, 참깨 1큰술, 매실액 1큰술

표고버섯　　구기자　　당근　　대추

산약　　쌀

▌만드는 법 ▌

1. 쌀은 깨끗이 씻어 불린다.
2. 산약은 껍질을 벗기고 손질하여 잘게 썰어 준비한다.
3. 구기자, 대추는 깨끗이 씻어 준비한다.
4. 당근, 표고버섯은 사각으로 잘게 썰어 준비한다.
5. 쌀, 마, 구기자, 당근, 표고버섯, 대추를 넣고 밥을 짓는다.
6. 완성된 밥은 양념장과 함께 차려낸다.

▌배합원리 ▌

봄에 섭취하면 허약한 몸을 보하는 재료를 넣어 밥을 하였다. 구기자는 성질은 평하고 맛은 달며 간경, 신장경, 폐경으로 들어간다. 간과 신장을 윤택하게 하고 정혈을 보하며 근골을 튼튼하게 하고 노화예방에 효과가 있다. 산약은 폐, 비, 신장을 보하고 허약한 체질을 개선하는 효과가 있으며 당근과 대추를 배합하면 비위를 튼튼하게 하고 보혈작용이 있으며 눈을 밝게 하는 효능이 있다. 표고 버섯은 소화를 돕고 혈지방을 낮추며 기혈을 보한다.

도다리쑥국

🥄 약선의 효능

봄철 많이 나오는 도다리와 쑥을 이용한 약선으로 경락을 따뜻하게 하여 기혈을 잘 통하게 하고 한사를 없애며 습을 제거하는 효능이 있는 약선으로 아랫배가 차고 생리통이 심한 사람들이나 한사로 인해 나타나는 부인과 질환에 좋다. 또한 아직 한기가 채 가시지 않는 이른 봄에 섭취하면 춘곤증 예방에도 효과가 있다.

|재료|

- **식재료** : 도다리 2마리, 쑥 150g, 무 300g, 홍고추 1개, 청고추 2개, 된장 2큰술, 대파 1개,
  다진마늘 1큰술, 다진생강 1작은술, 청주 1큰술, 참치액 1큰술
- **약재료** : 삼칠꽃 10g, 헛개나무 20g, 단삼 10g, 구기자 10g

구기자

단삼

도다리

삼칠꽃

헛개나무

쑥

만드는 법

1. 무 100g 정도는 사각으로 썰어 따로 준비하고 나머지는 육수용으로 준비한다.
2. 다시마와 다시멸치는 흐르는 물에 한 번 씻어 준비한다.
3. 냄비에 물을 넣고 약재와 육수용 무, 다시마, 멸치를 넣고 육수를 끓인다.
4. 육수가 끓으면 걸러서 건더기는 버린다.
5. 육수에 된장을 풀고 사각으로 썰어 준비
6. 무가 어느 정도 익으면 팔팔 끓을 때 도다리를 넣고 30분 정도 끓인다.
7. 대파, 홍고추, 청고추, 다진마늘, 다진생강, 청주를 넣고 한소끔 더 끓인다.
8. 국물이 우러나면 불을 끄고 쑥을 넣은 후 잠시 뚜껑을 덮어둔다.
9. 쑥향이 올라오면 참치액을 넣고 간을 맞춘다.
한 무를 넣는다.

배합원리

도다리는 성질은 평하고 맛은 달며 비장경, 위경으로 들어간다. 비위를 튼튼하게 하고 소염해독작용이 있으며 위장염이나 소화기가 약한 사람에게 적합하고 허약한 체력을 보한다. 쑥은 성질은 따뜻하고 맛은 맵고 쓰며 심장경, 비장경, 신장경으로 들어간다. 몸을 따뜻하게 하고 경락을 잘 통하게 하며 각종 부인병에 효과가 있다. 삼칠꽃은 혈액순환을 잘 되게 하며 혈관을 깨끗하게 하고 콜레스테롤을 낮추는 효능이 있으며 헛개나무는 수액대사를 활발하게 하여 소변을 잘 통하게 하며 주독혈압을 낮춘다. 단삼은 어혈을 풀고 혈액순환을 잘 되게 하고 부인과 질환에 좋으며 정신을 안정시키는 효과가 있어 배합하였으며 구기자는 간과 신장을 보하는 작용이 있으며 봄철에 적합한 약재로 배합하였다.

민들레 무침

🔖 약선의 효능

간기운을 잘 통하게 하고 열을 내리며 항균소염작용이 있어 술을 많이 마시는 사람들이나 몸에 열이 많고 기름지고 느끼한 음식을 즐겨 먹는 사람들에게 좋은 약선으로 간염이나 황달증상, 지방간, 춘곤증이 있는 사람들에게 좋고 각종 염증에 효과가 있으며 몸에 종기가 자주 나는 사람들에게 효과가 좋다.

▌재료▐

- **식재료** : 민들레 350g, 달래 50g, 부추 30g, 사과 ¼개
- **양념재료** : 고추장 2큰술, 된장 ½큰술, 고춧가루 1큰술, 매실액 3큰술, 식초 4큰술, 다진마늘 1작은술, 간장 1큰술, 물엿 2큰술, 설탕 1작은술, 참깨 1큰술, 참기름 1작은술
- **약재료** : 도라지 50g, 미삼 20g, 구기자 20g

달래

민들레

구기자

부추

도라지

미삼

▮만드는 법▮

1. 민들레와 달래는 손질하여 깨끗이 씻어 준비한다.

2. 도라지는 길이로 가늘게 썰어 준비한다.

3. 미삼은 손질하여 깨끗이 씻고 구기자는 물에 불린다.

4. 달래는 먹기 좋은 크기로 자르고 사과는 껍질을 벗기고 가는 채로 준비한다.

5. 양념장은 재료를 모두 넣고 잘 섞어준다.

6. 준비한 재료를 모두 넣고 버무려 준다.

▮배합원리▮

민들레는 간경, 위경으로 들어가고 성질은 차고 맛은 달고 쓰다. 간열은 내리고 습을 제거하며 해독 작용이 강한 봄나물이다. 달래는 양기를 잘 통하게 하고 뭉친 것을 풀어주며 배가 더부룩하거나 가슴이 답답한 증상을 완화시키는 효능이 있어 배합하면 기운을 더욱 잘 통하게 하는 효과가 있다. 부추는 신장의 양기를 보해주고 미삼은 신진대사를 촉진시키며 기운을 보하고 도라지는 폐기운을 잘 통하게 하는 효능이 있어 배합하였다. 구기자는 봄철에 적합한 약재로 간과 신장을 윤택하게 하고 정혈을 보하고 근골을 튼튼하게 하며 노화예방에 효과가 있어 배합하였다.

여름 약선요리

전복녹두죽

☞ 약선의 효능

스테미너를 증진시키고 자양강장작용이 있으며 더위를 이기는 효능이 있는 약선으로 몸이 마르고 허약하면서 열이 많아 더위를 잘 먹고 몸에 부종이 자주 나타나는 사람에게 적합하며 자한이나 도한이 있는 사람에게도 효과가 있다. 그리고 부인들의 피부미용에도 효과가 있고 갱년기 종합증에도 좋다.

▌재료▐

- **식재료** : 전복 4개, 쌀 300g, 율무 30g, 녹두 150g, 양파 ½개, 당근 ⅕개, 셀러리 ⅓대, 생강 1쪽, 대파 ½부리, 요리술 1큰술, 참기름 2큰술, 간장 약간
- **약선재료** : 황기 20g, 잣 20g, 율무 30g, 대추 10개

전복

대추

생강

황기

대파

율무

잣

만드는 법

1. 전복은 깨끗이 씻어 요리술과 함께 믹서기에 넣고 갈아 준비한다.
2. 쌀과 녹두는 깨끗이 씻어 물에 불린다.
3. 양파, 당근, 셀러리는 잘게 다져 준비한다.
4. 냄비에 참기름을 두르고 쌀을 볶다가 채소와 전복을 넣고 쌀이 투명해질 때까지 볶는다.
5. 볶은 쌀에 황기, 녹두, 대추, 잣을 넣고 물을 부어 끓인다.
6. 죽이 완성되면 대파를 넣고 간장으로 간을 한다.

배합원리

전복은 기력을 증진시키고 혈액순환을 도우며 자양강장작용이 있다. 녹두는 더위로 목이 마르고 갈증이 나거나 감기로 열이 날 때 효과가 있으며 토사광란이 나거나 담열로 천식이 있으며 눈이 충혈되면서 두통이 있을 때 먹으면 좋다. 또한 수종이 있으면서 소변량이 적고 입안이 헐거나 헛바늘이 돋고 단독이나 풍진 등 피부감염이나 약물중독, 식물중독, 금석중독, 연탄가스중독에도 좋은 식품이다. 고혈압이나 고지혈증 또는 콜레스테롤이 높은 사람에게도 적합하여 부재료로 사용하였으며 황기는 보기작용이 있어 자한이나 도한에 도움을 주며 이수작용이 있고 잣은 피부미용과 변비에 효과가 있고 대추는 기혈을 보하며 대파, 생강은 소화를 돕는다.

> *tip* 전복은 조개류이며 4~5월에 산란을 한다. 산란 시기에는 전복내장에 독성이 있으므로 생식으로 먹는 것은 좋지 않고 익혀 먹는 것이 좋다.

사군자해물탕

🥄 약선의 효능

비장을 튼튼하게 하고 기력을 증진시키며 체력을 튼튼하게 하는 약선으로 피부미용이나 노화예방에도 효과가 있다. 몸이 허약하여 무력감이 들고 의욕이 없으며 무기력한사람들에게 효과가 있다. 특히 여름철 더위에 지쳐 사지가 무력하고 기운이 없으며 식욕이 없는 사람에게 적합하다.

|재료|

- **식재료** : 전복 4마리, 중새우 1마리, 바지락 20개, 표고버섯 3개, 팽이버섯 5개,
  청경채 3개, 박고지 50g, 대파 1개, 정종 2큰술, 전분가루 1큰술, 참기름, 소금, 후추,
  닭육수 5컵(닭육수 : 닭 1마리, 자투리채소, 생강)
- **약재료** : 사군자탕(황기 20g, 백출 10g, 복령 10g, 구감초 6g)

전복

구감초

백출

복령

황기

바지락

새우

박고지

┃만드는 법┃

1. 닭과 약재료, 자투리채소, 생강, 후추를 넣고 육수를 맑게 끓여 체에 걸러 준비한다.
2. 전복과 새우는 내장을 제거하고 깨끗이 손질하여 준비한다.
3. 표고버섯은 얇게 채 썰고 팽이버섯은 밑둥을 제거하고 깨끗이 씻어 준비한다.
4. 박고지는 물에 불린다.
5. 청경채는 끓는 물에 데치고 대파는 어슷썰기 해 놓는다

6. 전분은 물과 1:1로 섞어 준비한다.
7. 냄비에 팽이버섯과 청경채를 제외한 모든 재료를 넣고 육수를 부어 끓인다.
8. 내용물이 익으면 팽이버섯과 청경채를 넣고 한소끔 더 끓인다.
9. 전분물을 넣어 농도를 맞추고 소금으로 간을 한 후 참기름을 넣어 완성한다.

┃배합원리┃

사군자탕에서 인삼 대신 황기를 사용하여 여름철 더위에 적합하도록 하였으며 사군자탕은 비장을 튼튼하게 하고 기운을 보강하는 대표적인 방제다. 습을 제거하며 비장의 운화기능을 튼튼하게 하여 소화를 돕고 기운을 만들어 준다. 전복은 자양강장작용이 탁월한 식재료이며 정혈을 보하는 효능이 있고 새우는 신장의 양기를 보하는 효능이 있다. 바지락은 간기능을 좋게 하고 박고지는 수액대사를 활발하게 하는 효능이 있으며 닭육수는 보기작용이 강하다.

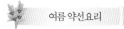

구기자배추찜

☞ 약선의 효능

위를 튼튼하게 하고 이뇨작용이 있으며 열을 내리고 갈증을 해소하는 약선으로 각종
염증에 효과가 있다. 위나 장을 잘 통하게 하여 변비나 소변불리에 좋으며 식체나 기침,
숙취해소에 도움이 되고 가슴이나 복부에서 번열이 있을 때 도움이 되며 소화불량에
좋으며 비만이나 당뇨병에도 효과가 있다.

재료

- **식재료** : 애기배추 500g, 소고기 50g, 당근 ⅓개, 표고버섯 4개, 양파 ½개, 대파 1개,
   마늘 3쪽, 청고추 2개, 소금, 후추, 식용유
- **약재료** : 구기자 5g
- **소스재료** : 간장 3큰술, 설탕 1큰술, 굴소스 1큰술, 고추기름 2큰술, 식초 ½컵, 물 ⅓컵,
   대파 ¼대, 풋고추 1개, 홍고추 1개, 다진마늘 1큰술, 다진생강 1작은술

소고기(홍두깨살)

당근

구기자

애기배추

표고버섯

▌만드는 법 ▌

1. 배추를 낱장으로 떼어내어 소금물에 4분 정도 데친 후 찬물에 헹궈 수분을 제거한다.

2. 소고기와 표고버섯은 채 썰어 양념 후 볶아 놓는다.

3. 당근, 양파, 고추, 대파, 마늘은 채 썰어 소금, 후추, 식용유를 넣고 각각 볶는다.

4. 분량대로 소스를 만들어 준비한다.

5. 볶은 재료를 골고루 섞는다.

6. 배추를 깔고 볶은 고기를 얹고 채소를 올리고 다시 배추를 덮고 고기, 볶은 채소 순으로 올리고 소스 뿌리기를 반복하면서 겹겹이 올린다.

▌배합원리 ▌

배추는 성질은 평하고 맛은 달며 장과 위경으로 들어간다. 중초를 편하게 하고 위와 장을 잘 통하게 하며 이뇨작용도 있다. 또한 기침이나 변열을 치료하며 현대성인병에 좋은 재료다. 소고기는 기혈을 보하고 배추에서 부족한 영양소를 보충하는 효과가 있으며 당근은 비장을 튼튼하게 하고 소화를 도우며 변을 잘나오게 하는 효능이 있다. 표고버섯은 가래를 없애고 기운을 조절하며 중초를 편하게 한다. 구기자는 정혈을 돕고 근골을 튼튼하게 하며 노화예방에 좋다.

가을 약선요리

사삼윤폐밥

☞ 약선의 효능

감기가 오래되어 마른기침이나 가래가 잘 나오지 않으면서 인후가 건조하고 갈증이 나는 증상에 좋으며 만성위축성위염에도 효과가 있다. 또한 복부에 약한 통증이 있고 배가 고픈 것 같으면서도 음식은 먹기 싫은 증상에도 효과가 있으며 주로 몸이 마르고 피부가 건조한 사람에게 적합하다.

┃재료┃

- **식재료** : 쌀 4컵, 표고버섯 1개
- **약재료** : 더덕 3뿌리, 황기 20g, 맥문동 10개, 백편두 20개, 옥죽 20g, 대추 8개, 은행 20개

더덕

맥문동

대추

은행

백편두

옥죽

황기

쌀

표고버섯

| 만드는 법 |

1. 쌀은 깨끗이 씻어 불려 놓는다.
2. 더덕은 껍질을 벗겨 사각으로 잘게 자른다.
3. 대추와 맥문동은 물에 불려 씨를 제거한다.
4. 황기와 옥죽은 물을 붓고 한 시간 정도 끓여서 약물을 만든다.
5. 솥에 쌀과 다른 재료를 넣고 약물을 부어 밥을 짓는다.

| 배합원리 |

우리가 주로 먹는 밥에 사삼맥문동탕을 응용하여 폐와 위를 윤택하게 하여 여러 가지 병증을 치료하는 약선으로 차고 달며 폐와 위경으로 들어가는 사삼, 맥문동이 군약이 되고 평성이고 단맛의 옥죽과 은행이 신약이 되어 진액을 만들며 폐와 위를 윤택하게 한다. 황기는 폐와 비장의 기운을 만들어 주며 백편두는 비위를 편안하게 하면서 습을 제거하므로 이 두 가지 약이 좌약이 되어 배토생금(培土生金)작용을 하며 대추는 여러 가지 약성을 조화시킨다.

사삼맥문동탕 《온병조변》

사삼, 맥문동, 화분, 옥죽, 편두, 상엽, 감초로 구성되어 있으며 효능은 청양폐위(清養肺胃), 생진윤조(生津潤燥), 지해(止咳)로 폐와 위가 건조한 증상에 광범위하게 사용된다. 허열이 있으면서 마른기침을 오래하거나 어린이들의 만성폐렴 또는 만성위축성위염에 효과가 있다.

방제출처 : 사삼맥문동탕 《온병조변》

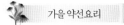

패모배숙

☞ 약선의 효능

가래가 말라 잘 나오지 않으면서 마른기침을 하고 천식증이 있으며 목이 붓고 열이 나면서 통증이 있는 사람에게 효과가 있으며 특히 어린이나 노인들이 체력이 약하여 오랫동안 병이 낫지 않고 반복적으로 나타나는 증상에 좋으며 고혈압, 동맥경화, 심혈관질환 등 현대성인병에 효과가 있고 숙취해소에 도움이 되는 약선이다.

|재료|

- **식재료** : 배 3개, 우유 100ml, 은이버섯 30g, 얼음설탕 30g
- **약재료** : 패모 30g, 은이버섯 30g, 행인 20g

얼음설탕

우유

배

은이버섯

행인

패모

│ 만드는 법 │

1. 배를 씻어 속을 파내고 그릇으로 쓸 수 있도록 1cm 두께로 준비한다.

2. 패모와 은이버섯은 잘 씻어 물에 불린다.

3. 배 속에 썰어놓은 배와 패모, 은이버섯, 행인, 우유, 얼음설탕을 넣는다.

4. 찜통에 넣고 한 시간 정도 끓인 다음 꺼낸다.

│ 배합원리 │

열을 내리며 갈증을 풀고 가래를 삭히고 기침을 멈추게 하는 배를 주재료로 사용하였으며 패모는
청열화담(淸热化痰), 윤폐지해(润肺止咳), 산결소종(散结消肿)작용으로 폐에 열이 있어 담을 말려서
잘 나오지 않으면서 마른기침을 할 때 사용하는데 배의 효능을 도와주는 신약으로의 역할을 하고
폐를 윤택하게 하며 기침을 멈추게 하는 이모산(二母散)에서 지모를 빼고 은이버섯을 넣어 효능은
같으면서 맛이 좋아 어린이들도 먹기 편하게 하였으며 여기에 기운을 아래로 내리면서 가래를 삭이
고 천식을 예방하는 행인을 넣어 효능을 더욱더 강하게 하였다.

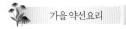

맥문동장조림

☞ 약선의 효능

폐를 윤택하게 하고 마른기침을 멈추게 하며 기혈을 보하고 근육과 뼈를 튼튼하게 하는 영양식으로 성장기에 있는 어린이나 몸이 허약한 노인들에게 적합하고 기운이 부족한 사람에게 좋은 약선이다.

▌재료▐

- **식재료** : 소고기 1kg, 메추리알 20개, 마늘 20쪽
- **약재료** : 황기 100g, 맥문동 50g, 당귀 20g, 대추 10개, 감초 10g
- **양념재료** : 간장 2컵, 물 1L, 물엿 5큰술, 사과 1개, 배 1개, 양파 1개, 무 300g, 마른고추 5개

감초   당귀   대추   맥문동   소고기   메추리알   마늘   황기

┃만드는 법┃

1. 장조림용 소고기를 끓는 물에 삶아서 핏물을 제거한다.
2. 메추리알은 따로 삶아 껍질을 간다.
3. 냄비에 소고기와 부재료를 넣고 소고기가 부드러워질 때까지 삶는다.
4. 소고기를 건져 사각으로 썰고 국물은 걸러 놓는다.
5. ❹의 국물에 소고기와 나머지 주재료를 넣고 다시 한 번 삶아낸다.

┃배합원리┃

소고기는 약간 따뜻하고 맛은 달며 비위경으로 들어간다. 보비위(補脾胃), 익기혈(益气血), 강진골(强筋骨)작용이 있으며 허약체질이나 영양불량, 기혈부족인 사람에게 보하는 작용이 있다. 메추리알은 보중익기(补中益气), 건뇌(建腦)작용이 있으며 만성위염이나 폐가 허약하여 기침이나 각혈에 효과가 있다. 마늘은 해독살충(解毒杀虫), 거담지해(祛痰止咳), 선규통폐(宣窍通闭)작용이 있으며 여기에 기혈을 보충하는 당귀보혈탕을 배합하여 그 효능을 더욱 강하게 만들었으며 대추와 감초를 넣어 약성을 부드럽게 하였다.

방제출처 : 당귀보혈탕《내외상변혹론》

▒ 보혈탕 《내외상변혹론》

기운을 보하여 혈액을 만들어 내는 방제로 황기와 당귀를 3:1로 배합하여 황기를 군약으로 하고 당귀를 신약으로 하여 만들었으며 혈액이 부족하거나 약할 때 쓰는 대표적인 방제다.

겨울 약선요리

인삼호두밥

약선의 효능

오장을 보하여 정신을 안정시키고 기혈순환을 원활하게 하여 머리를 총명하게 하고 폐를 윤택하게 하고 또한 신장을 보하여 정기를 보강시켜 신체를 튼튼하게 하므로 노인과 어린이 모두에게 좋은 약선으로 기관지염, 천식에 효과가 있으며 신체가 허약하여 기운이 없고 의욕이 없는 사람에게 도움이 되는 약선이다. 아래 재료 모두 항암작용이 있다.

|재료|

● **식재료** : 쌀 4컵
● **약재료** : 인삼 2뿌리, 호두 30g, 연자 30g, 대추 10개, 백합 30g

인삼   대추

                      백합

쌀   연자

            호두

만드는 법

1. 쌀과 연자, 백합은 씻어 불리고 호두는 껍질을 벗기고 대추는 씨를 빼서 적당한 크기로 자른다.
2. 인삼은 통째로 깨끗이 씻어 준비한다.
3. 준비된 재료 모두 넣고 밥을 한다.

배합원리

인삼은 대보원기(원기를 크게 보한다)작용이 있는데 원기의 근본은 신장에 있다. 호두는 신장과 폐를 보하고 기운을 받아들이는 작용이 있으며 폐를 윤택하게 하고 천식을 멈추게 하는 작용이 있으며 백합은 폐를 윤택하게 하며 쌀은 소화기능을 보하며 연자, 대추는 정신을 안정시키고 기혈을 보하는 작용이 있다.

이기理氣버섯전골

🥢 약선의 효능

몸을 따뜻하게 하고 인체의 기 흐름을 원활하게 하며 면역력을 증강시키고 신진대사를
활성화하는 효능이 있으며 염증치료에 효과가 있고 항암작용이 있다. 또한 현대성인병
이나 간기울결에 도움이 되고 특히 생리불순, 생리통, 우울증 등 부인병에 도움이 되는
약선이다.

|재료|

- **식재료** : 새송이버섯 2개, 흑목이버섯 20g, 느타리버섯 100g, 표고버섯 3개, 팽이버섯 1봉지,
  은이버섯 20g, 황화채 30g, 칼국수 300g, 해물 200g, 양파 ½개, 마늘 5쪽, 깻잎 5장, 대파 1대
- **약재료** : 향부자 10g, 오약 6g, 진피 6g, 생강 20g(정기천향산에서 소엽은 깻잎으로 대체함)
- **육수재료** : 다시마, 멸치, 건새우, 대파, 간장, 소금, 후추, 요리술

| 팽이비섯 | 목이버섯 | 느타리버섯 | 은이버섯 |

| 새송이버섯 | 깻잎 | 생강 | 해물 |

| 향부자 | 황화채 | 오약 | 진피 |

만드는 법

1. 해물은 깨끗이 손질하여 준비한다.
2. 버섯은 먹기 좋은 크기로 잘라 준비한다.
3. 육수재료와 약재는 물에 한 번 씻어 냄비에 넣고 육수를 만든다.
4. 칼국수는 물에 한 번 데쳐 놓는다.
5. 양파와 마늘, 대파는 얇게 썰어 놓는다.
6. 냄비에 준비한 재료를 넣고 육수를 부어 끓인다.
7. 해물이 익으면 준비한 칼국수를 넣고 건져 먹는다.

배합원리

버섯은 기생식물로 인체의 면역력을 조절하고 성인병 예방에 도움이 되며 염증치료나 항암작용이
좋고 신진대사를 활성화시키는 효능이 있다. 각종 버섯에 정기천향산《保命歌訣》을 배합함으로써
몸을 따뜻하게 하여 삼초의 기 흐름을 원활하게 하고 간기울결로 인한 옆구리통증, 생리통, 생리불
순에 효과가 있도록 하였다.

십전대보족발

🥄 약선의 효능

자음작용이 있고 기혈을 보하며 신체를 윤택하게 하고 따뜻하게 하여 신진대사를 활발하게 하는 효능이 있으며 허약한 신체를 튼튼하게 한다. 또한 산모나 몸이 마른 사람에게 효과가 좋으며 여성의 피부를 아름답게 하고 모발을 윤택하게 한다. 또한 체력이 극도로 허약한 사람이나 조로, 폐결핵, 유정, 발기부전, 습관성유산, 하혈, 상처회복에 도움이 된다.

|재료|

- **주재료** : 미니족발 4개, 간장 300ml, 흑설탕 10큰술, 레몬즙 1큰술, 건고추 5개, 생강 20g,
  요리술 3큰술, 사과 ½개, 배 ½개, 물엿 5큰술, 정향, 팔각, 후추, 월계수잎, 물 2컵
- **약재료** : 숙지황, 당귀, 천궁, 백작약, 인삼, 구황기, 복령, 초백출, 육계, 육종용, 구감초

미니족발　　건삼　　구감초　　구황기　　당귀

숙지황　　백작약　　백출　　복령　　천궁

육계　　육종용

만드는 법

1. 돼지족은 깨끗이 씻어 물에 담가 놓았다가 끓는 물에 데쳐 핏물을 제거한다.

2. 간장에 물을 넣고 위의 재료를 모두 넣어 잘 섞어준다.

3. 솥에 족발을 가지런히 넣고 간장양념장을 넣는다.

4. 처음에는 센 불로 조리하다 끓으면 중불로 줄여 삶는다.

5. 중간중간 물을 보충하고 간을 맞춰가며 물러지도록 익힌다.

배합원리

족발은 신장의 음을 보하고 정혈을 보하며 신체를 윤택하게 하고 피부를 아름답게 하며 모유분비를 증강시키는 효능이 있다. 여기에 양기를 보하고 혈액을 보하며 비위를 튼튼하게 하는 십전대보탕을 배합하여 허약한 체질을 개선시키고 오랜 병이나 노화로 인해 기력이 부족한 사람들에게 신진대사를 활발하게 하고 신체를 윤택하게 하여 건강한 체력을 유지할 수 있도록 하였다.

국가별약선
응용편

國家別

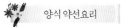
양식 약선요리

홍도스파게티

🥄 약선의 효능

기혈부족으로 몸이 허약하면서 혈액순환이 잘 안되고 어혈로 인한 여러 가지 증상이 나타나고 심혈관질환이 있는 사람에게 효과가 있는 약선이며 심혈부족으로 인해 정신적으로 불안하거나 잠을 편하게 자지 못하고 꿈이 많으며 가슴에 번열이 있는 사람에게 좋다.

▌재료▌

- **식재료** : 스파게티 1봉지, 전복 2개, 바지락 30개, 중새우 10마리, 토마토 2개, 양파 1개, 셀러리 100g, 양송이버섯 1봉지, 청피망 1개
- **소스재료** : 토마토소스, 마늘, 바질, 오레가노, 소금, 후추
- **약재료** : 홍화 2g, 도인 10g, 백합 10g

새우　　도인　　백합　　홍화　　양파

바지락　　전복　　양송이버섯　　청피망　　토마토

스파게티　　셀러리

만드는 법

1. 바지락은 해감 후 깨끗이 씻어서 준비한다.
2. 전복과 새우는 껍질을 벗기고 먹기 좋은 크기로 썬다.
3. 셀러리와 양파, 양송이버섯은 채 썰어 준비한다.
4. 백합과 홍화는 물에 불리고 도인은 잘게 다져 준비한다.
5. 스파게티는 9분간 삶아 찬물에 헹군다.
6. 야채는 양파, 셀러리, 마늘 순으로 볶는다.
7. 볶은 야채에 해물과 약재를 넣고 볶다가 와인을 넣는다.
8. ❼에 양송이버섯과 피망을 넣고 볶다가 토마토소스를 넣고 끓인다.
9. 팬에 올리브오일을 넣고 삶은 스파게티면을 볶는다.
10. 스파게티면이 볶아지면 ❽에서 완성한 소스를 넣고 한 번 더 볶아준다.
11. 오레가노와 바질을 넣고 완성한다.

배합원리

토마토는 성질은 약간 차고 맛은 달고 시며 간경, 비장경, 위경으로 들어간다. 효능은 혈액을 맑게 하고 진액을 만들어 주며 소화를 돕고 심혈관질환에 유익하다. 홍화와 도인은 어혈을 풀어주고 혈액순환을 돕는 효능이 있어 배합하였으며 백합은 심장을 편안하게 하고 정신을 안정시킨다. 각종 해산물은 간과 신장을 보하는 효능이 있으며 혈액을 만드는 영양소를 공급하는 역할을 한다. 양파와 향신료는 혈액순환을 도우며 혈지방을 낮추고 소화를 돕는다.

오복양배추말이

🌰 약선의 효능

위장을 튼튼하게 하며 위궤양, 십이지장궤양 등 상처치유에 효능이 있으며 위산과다나 속쓰림이 자주 나타나는 사람들에게 효과가 있고 소화기 계통이 약하고 체력이 허약한 사람들에게 효능이 좋은 약선이다.

┃재료┃

- **식재료** : 양배추잎 10장, 양파 2개, 베이컨 5개, 표고버섯 2개, 버터 20g
- **소스재료** : 토마토소스
- **약재료** : 오적골 10g, 복령 10g

베이컨   양배추   복령

표고버섯   양파   오적골

| 만드는 법 |

1. 양배추는 김이 오른 찜솥에 찌거나 끓는 물에 넣고 익으면 한 장씩 건져낸다.

2. 양파와 베이컨, 표고버섯은 채 썰어 준비한다.

3. 오적골은 가루로 준비한다.

4. 팬에 버터를 넣고 양파를 볶다가 베이컨과 표고버섯을 넣고 볶는다.

5. 양파가 익으면 오적골과 복령을 넣어 한 번 더 볶는다.

6. 양배추를 적당한 크기로 펴놓고 ❺의 재료를 넣고 싼다.

7. 토마토소스를 끓여 위에 얹어낸다.

| 배합원리 |

양배추는 성질은 평하고 맛은 달며 간경, 위경, 신장경으로 들어간다. 습열을 제거하며 지혈, 지통작용이 있어 위궤양이나 십이지장궤양에 많이 쓰이며 신장을 보하며 근골을 튼튼하게 한다. 오적골은 수렴작용과 지혈작용이 있으며 상처를 잘 아물게 하는 효능이 있어 양배추와 함께 사용하였다. 복령은 비장을 튼튼하게 하며 습을 제거하는 효능이 있다. 양배추와 오적골, 복령을 사용하여 습을 제거하고 위, 십이지장궤양, 소화불량에 적합하고 제산작용과 상처를 아물게 하는 작용이 있다. 양배추를 자주 먹으면 신장이 허약하여 발육이 늦어지는 어린이나 건망증이 심하고 사지가 무력한 사람에게 효과가 있다.

양송이약선수프

☞ 약선의 효능

비위를 튼튼하게 하고 습을 제거하며 수액대사를 활발하게 하는 약선으로 배가 더부
룩하고 구역질이 자주 나는 사람들에게 좋고 풍습성관절염이나 근육이 뭉친 사람들에
게 효과가 있으며 노화를 예방하고 피부미용에 효과가 있다.

┃재료┃

- **식재료** : 양송이버섯 1봉지, 양파 1개, 밀가루 2큰술, 버터 2큰술, 화이트와인 2큰술,
  생크림 1컵, 닭육수 2컵, 우유 1컵
- **약재료** : 복령 10g, 율무 10g

복령   생크림   양송이버섯

양파   우유   율무

▍만드는 법 ▍

1. 양송이버섯과 양파는 손질하여 깨끗이 씻어 적당한 크기로 잘라 준비한다.

2. 복령과 율무는 곱게 갈아 준비한다.

3. 밀가루와 버터를 넣고 루를 만들어 준비한다.

4. 팬에 버터를 넣고 양파를 볶다가 양송이버섯을 넣어 볶는다.

5. 양파와 양송이버섯이 물러지면 와인을 넣고 육수를 붓는다.

6. 약재료를 넣고 한소끔 더 끓인 후 약간 식혀 믹서에 간다.

7. 갈아진 ❻을 팬에 넣고 다시 한 번 끓인 후 루를 넣어 농도를 맞춘다.

8. 마지막으로 생크림을 넣어 완성한다.

▍배합원리 ▍

양송이버섯은 성질은 평하고 맛은 달며 대장, 위경, 폐경으로 들어간다. 기운의 흐름을 조절하고 소화를 도우며 비장을 튼튼하게 하고 심폐기능을 좋게 하는 효능이 있다. 복령은 비위를 튼튼하게 하는 효능이 있고 이뇨작용이 있으며 습을 제거한다. 율무는 습을 제거하고 비장을 튼튼하게 하며 폐를 보하고 피부미용에 효과가 있다. 양송이버섯, 복령, 율무가 배합되어 비위를 튼튼하게 하며 습을 제거하는 효능이 강하여 수액대사를 활발하게 한다.

홍도해물돌솥밥(빠에야)

☛ 약선의 효능

정혈을 보하고 오장을 튼튼하게 하며 어혈을 풀어주고 혈액순환을 원활하게 하는 약선으로 몸이 허약하여 기력이 쇠약한 사람에게 적합하며 어린이들의 성장 발육에 좋고 노년기의 기력회복에 도움이 된다. 또한 여성들의 생리통이나 생리불순에 효과가 있으며 고혈압, 동맥경화, 심장병 등 순환기 계통의 질환에도 효과가 있다.

|재료|

- **식재료** : 불린 쌀 3컵, 닭고기 50g, 돼지고기 50g, 양파 ½개, 셀러리 ⅓뿌리, 토마토 1개, 새우 10마리, 홍합 10개, 오징어 ½마리, 전복 1개, 조개 6개, 양송이버섯 6개, 완두콩 1큰술, 피망 ½개, 햄 1개, 다진마늘 1작은술, 다진생강 1작은술, 참기름, 소금, 후추
- **약재료** : 강황가루 1큰술, 홍화 2g, 도인 6g
- **토마토육수** : 토마토페이스트 1큰술, 닭뼈, 야채(당근, 셀러리, 양파 등) 조금씩

닭고기 · 강황가루 · 도인 · 홍화 · 쌀 · 양송이버섯

돼지고기 · 새우 · 오징어 · 전복 · 조개 · 홍합

토마토 · 양파 · 셀러리

| 만드는 법 |

1. 해산물을 깨끗하게 손질한 후 화이트와인
   과 레몬즙을 뿌려 놓는다.
2. 양송이버섯은 납작하게 썰고 양파는 다져
   준비하고 완두콩은 삶아 건져 놓는다.
3. 햄과 닭고기, 돼지고기는 잘게 잘라 놓고 토
   마토는 껍질을 벗기고 잘게 썰어 준비한다.
4. 팬에 기름을 넣고 달군 후 닭뼈를 볶는다.
   노릇하게 볶아지면 토마토페이스트와 짜
   투리채소, 홍화, 도인을 넣고 물을 부어 40
   분 정도 끓이고 나서 체에 걸러 토마토육
   수를 만든다.
5. 돌솥이나 솥에 참기름을 두르고 양파와 마
   늘을 넣고 노릇하게 볶는다.
6. ❺에 닭고기, 돼지고기를 넣고 볶다가 강황
   가루를 넣고 계속 볶는다.
7. ❻에 쌀을 넣어 투명해질 때까지 다시 볶
   은 후 해산물을 넣고 와인을 두른 후 육수
   를 조금씩 부어가며 저어준다.
8. ❼에 양송이버섯과 완두콩을 넣은 후 육
   수를 조금 더 두르고 피망, 토마토, 소시지
   를 위에 올리고 약한 불에 뚜껑을 덮고 쌀
   이 퍼지도록 15분 정도 익힌다.

| 배합원리 |

빠에야는 지중해 지방의 전통음식으로 우리나라의 해물 돌솥밥과 비슷하지만 각종 육고기, 해산
물, 채소 등 여러 가지 재료를 쌀에 넣어 밥을 하는 요리다. 해산물, 육류, 채소 등 여러 가지 재료가
들어가는 만큼 모든 영양소가 골고루 들어가 있어 영양학적으로 균형을 이루고 있으며 동양의학적
으로 본다면 오장육부에 도움이 되고 정, 기, 혈을 보하는 음식이다. 여기에 혈액순환을 돕는 양파
와 홍화, 도인을 배합하고 강황가루를 넣어 혈액순환을 활발하게 하고 혈전을 풀어주는 효능을 더
욱 강화시켰다.

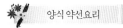

사물소고기스튜

🥢 약선의 효능

보혈조혈작용이 약선으로 혈액이 약하여 나타나는 제반증상에 도움이 된다. 얼굴이 창백하고 어지러우며 가슴이 두근거리거나 자주 놀래는 증상이나 혈액순환이 잘 되지 않는 증상에 효과가 있으며 여성들의 생리과소, 폐경 등에 도움이 된다.

▌재료▌

- **식재료** : 소고기 600g, 감자 2개, 당근 1개, 양파 1개, 양송이버섯 6개, 셀러리 2줄기, 피망 1개, 마늘 5쪽, 밀가루, 버터, 토마토페이스트, 소고기육수, 소금, 후추, 타임, 월계수잎
- **약재료** : 사물탕(숙지황 20g, 당귀 5g, 천궁 5g, 백작약 8g)

감자　　당귀　　백작약　　숙지황　　천궁

양파　　청피망　　양송이버섯

소고기

당근　　셀러리

만드는 법

1. 소고기는 2cm 정도 크기로 사각으로 썰고 야채도 같은 모양으로 잘라 모서리를 다듬고 마늘은 다진다.

2. 사물탕은 깨끗하게 씻어 삼베천에 담아 준비한다.

3. 팬에 기름을 넣고 달구어 양파, 소고기, 마늘을 순서대로 넣어가면서 볶은 후 밀가루와 토마토 페이스트를 넣고 갈색이 나도록 볶는다.

4. ❸에 육수를 붓고 약물주머니를 넣은 후 끓인다.

5. 소고기가 어느 정도 익으면 감자, 당근을 넣고 끓이다가 셀러리와 양송이버섯을 넣고 익으면 소금, 후추로 간을 한 후 완성한다.

배합원리

보혈조혈작용이 있는 사물탕에 소고기를 배합한 약선으로 숙지황과 백작약은 자음보혈작용이 있으며 당귀와 천궁은 조혈보혈작용이 있다. 따라서 사물탕은 혈액을 보하면서 순환을 시키는 효능이 있으며 소고기는 기혈을 보하고 근골을 튼튼하게 하는 자양작용이 있다. 감자, 양파, 셀러리, 당근 등 채소는 사물탕의 효능을 돕고 소화를 시키며 비위를 튼튼하게 하고 변비를 해소하는 효능이 있다.

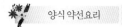

산약크램차우더수프

💊 약선의 효능

간열을 내리고 습열을 제거하며 눈을 밝게 하고 이뇨작용이 있으며 주독을 풀어준다. 황달에 도움이 되고 갈증을 해소하는 효과가 있어 갱년기의 여성이나 음주를 많이 하는 남성들에게 적합하다.

|재료|

- **식재료** : 바지락살 200g, 베이컨 2장, 양파 ½개, 양송이버섯 2개, 우유 2컵, 물 1컵,
  버터 1큰술, 밀가루 1큰술, 생크림 1컵, 파마산치즈 1작은술, 와인 2큰술
- **약선재료** : 산약(생마) 100g, 구기자 5g

바지락살　　　　구기자　　　　양송이버섯　　　　양파　　　　우유

산약　　　　　　　　　　베이컨

┃만드는 법┃

1. 베이컨, 산약, 양파를 손질하여 잘게 다이아몬드형으로 잘라 준비한다.

2. 팬에 버터를 넣고 잘게 썬 베이컨과 양파를 먼저 볶은 후 밀가루를 넣고 다시 볶는다.

3. 밀가루가 볶아지면 산약과 조갯살, 양송이버섯을 넣고 와인을 뿌리고 살짝 볶는다.

4. 육수를 넣고 소금으로 간을 한다.

5. 물이 끓기 시작하면 우유를 넣고 끓으면 파마산치즈를 넣는다.

6. 다시 끓어오르면 생크림을 넣고 접시에 담은 후 아메리칸치즈를 뿌려낸다.

┃배합원리┃

조개는 성질은 차고 맛은 짜며 위경으로 들어간다. 자음작용과 이수화담작용이 있으며 청열해독작용이 있다. 산약은 폐, 비장, 신장을 튼튼하게 하는 효능이 있으며 구기자는 정혈을 보하는 효과가 있다. 치즈는 영양가가 높고 베이컨과 함께 유제품을 결합하여 고소한 맛을 낸다. 해산물과 유제품, 육류, 버섯, 치즈 등이 배합되어 맛과 향이 좋고 영양에 균형을 맞췄다.

차전자돼지등갈비찜

🔻 약선의 효능

신장을 보하며 근골을 튼튼하게 하고 성장 발육에 좋은 약선으로 자라나는 청소년들
이나 신장이 허약하여 허리가 아프고 무릎이나 하체가 약한 사람들에게 효과가 있다.
또한 정혈을 보하여 빈혈을 치료하고 부인과 질환에 효과가 있으며 체질이 허약한 노인
에게도 적합하다.

▍재료▍

● **식재료** : 돼지갈비 1kg, 청경채 5개, 마늘 5쪽, 생강 3편, 다시마육수 2컵, 계피 6g, 마른고추 3개, 전분
● **약재료** : 차전자 10g, 검은콩 8g, 아교 10g, 두충 6g
● **양념재료** : 간장 6큰술, 참기름 1작은술, 설탕 2큰술, 올리고당 1큰술, 요리술 2큰술, 굴소스 1작은술

검정콩

두충

돼지갈비

차전자

청경채

아교

만드는 법

1. 돼지등갈비는 깨끗이 씻어 끓는 물에 넣어 데쳐서 핏물을 제거한다.
2. 양념재료는 위의 분량대로 넣고 잘 섞어 놓는다.
3. 돼지고기를 양념재료를 넣고 1시간 정도 재워 놓는다.
4. 청경채는 손질하여 깨끗이 씻어 끓는 물에 데쳐 놓는다.
5. 검정콩은 물에 불린다.
6. 차전자와 두충은 물 2컵을 넣고 30분 정도 끓어 약물을 만든다.
7. 냄비에 기름을 두르고 마늘과 생강을 넣고 향이 나게 볶는다.
8. ❼에 재워둔 등갈비, 계피, 마른고추를 넣고 노릇노릇하게 볶는다.
9. 등갈비가 노릇하게 익으면 약물과 다시마 육수, 아교, 검정콩을 넣고 졸인다.
10. 마지막에 전분물로 농도를 맞춘다.

배합원리

돼지등갈비는 성질은 평하고 맛은 달고 짜다. 신장의 음을 보하고 근골을 튼튼하게 하며 자음작용이 있다. 아교는 혈액을 보하고 지혈, 자음작용이 있고 몸을 윤택하게 하며 보양작용이 강하다. 차전자는 이뇨작용이 있고 신장의 기능을 강화시켜 준다. 두충은 허리를 튼튼하게 하고 검은콩은 신장을 보하고 노화를 예방한다.

은이산약갱

☛ 약선의 효능

피부의 탄성을 높이고 윤택하게 하며 면역력을 강화시키는 약선으로 노화예방에 좋고 오장의 기능을 튼튼하게 한다. 피부가 건조하고 마른기침을 하거나 소화기가 약한 사람에게 효과가 있고 몸이 허약한 사람에게 유익하다.

┃재료┃

● **식재료** : 은이버섯 50g, 얼음설탕 40g, 전분 적당량
● **약재료** : 산약(생마) 100g, 구기자 10g

은이버섯   얼음설탕   구기자

산약

| 만드는 법 |

1. 산약은 껍질을 벗기고 사각으로 썰어 놓는다.
2. 구기자는 물에 불려 놓는다.
3. 은이버섯은 뿌리 부분을 잘라 내고 깨끗이 씻어 물에 불린다.
4. 모든 재료를 솥에 넣고 물 3컵을 넣은 후 끓인다.
5. 약한 불에서 15분 정도 끓인 후 빙탕을 넣는다.
6. 물전분으로 농도를 맞추고 완성한다.

| 배합원리 |

은이버섯은 성질은 평하고 맛은 달고 담백하다. 자양작용이 강하고 보기작용이 있으며 진액을 만들어 주고 폐를 윤택하게 하는 효능이 있다. 산약은 건비작용이 있으며 설사를 멈추게 하고 호흡기의 저항력을 강화시키는 효능이 있으며 비장, 폐, 신장을 튼튼하게 한다. 구기자는 간과 신장을 보하고 눈을 밝게 하며 노화를 예방한다.

해삼황미탕

☞ 약선의 효능

기와 음을 모두 보하는 약선으로 신장을 튼튼하게 하고 정혈을 보하며 노화예방에 효과가 있다. 기력을 많이 소모하는 사람이나 조로현상이 있는 사람에게 적합하고 수술 후나 방사선 치료 후 회복하는 환자에게 좋으며 신체가 허약하고 면역력이 떨어진 사람들에게 도움이 된다.

|재료|

● **식재료** : 건해삼 4마리, 황미 50g, 닭육수 3컵, 전분, 소금
● **약재료** : 수삼 1부리, 홍화 6g

황미

홍화

건해삼

수삼

｜만드는 법｜

1. 마른해삼을 물에 부드럽게 불려 준비한다.

2. 닭육수는 닭뼈와 야채를 넣고 끓여 준비한다.

3. 황미는 깨끗이 씻어 물에 불려 둔다.

4. 홍화는 5분 정도 끓여 걸러서 홍화물을 만들어 준다.

5. 솥에 황미와 인삼을 넣고 육수를 부어 끓인다.

6. 어느 정도 끓으면 해삼과 홍화물을 넣고 한소끔 더 끓인다.

7. 마지막에 전분물로 농도를 맞춰 완성한다.

｜배합원리｜

해삼은 성질은 평하고 맛은 달고 짜며 신장경, 폐경으로 들어간다. 자음하는 효능이 강하고 정혈을 보하며 신장을 튼튼하게 한다. 홍화는 어혈을 풀어주고 혈액순환을 도와주는 효능이 있으며 해삼의 세포 재생능력을 증강시켜준다. 인삼은 대보원기작용이 있어 기력을 증진시키며 닭육수는 보기작용이 있고 황미는 속을 편하게 하고 소화기관을 튼튼하게 한다.

약선쫑즈

☞ 약선의 효능

쫑즈는 중국에서 단오절에 먹는 대표적인 음식으로 찹쌀이나 쌀을 불려 취향에 따라 잡곡, 고기, 채소, 약재 등을 넣고 대나무잎에 싸서 쪄서 먹는 음식이다. 여기서는 다양한 곡물을 넣어 신장의 정혈을 보하고 오장을 윤택하게 하며 신체를 튼튼하게 하는 약선으로 어린이의 성장 발육이나 어르신의 노화예방에 도움이 된다.

|재료|

- **식재료** : 찹쌀 1컵, 땅콩 20g, 검정콩 20g, 대추 4개, 밤 4개
- **약재료** : 은행 20g, 용안육 20g, 연자 20g
- **기타** : 대나무잎(갈대잎, 연잎), 실

검정콩　　　　대추　　　　땅콩　　　　은행

연자　　　　용안육　　　　찹쌀　　　　밤

▌만드는 법

1. 대나무잎을 끓는 물에 삶아 준비한다.
2. 찹쌀과 곡물, 연자는 모두 물에 불려 놓는다.
3. 용안육은 잘게 썰어놓고 대추는 씨를 제거한다.
4. 은행은 구워 껍질을 벗기고 밤도 껍질을 벗겨 준비한다.
5. 위의 모든 재료를 삶은 대나무잎에 넣고 삼각형원뿔모양으로 싸서 실로 묶는다.
6. 찜솥에 쫑즈를 넣고 1시간 정도 익힌다.

▌배합원리

찹쌀은 중초를 보하고 비위를 튼튼하게 하며 설사를 멈추게 하는 효능이 있으며, 검정콩은 신장을 튼튼하게 하고, 땅콩은 기혈을 보하고 폐를 윤택하게 하며 기억력을 증진시키고, 밤은 신장을 튼튼하게 하고 근육을 보하며, 은행은 폐를 보하는 효능이 있다. 용안육은 혈액을 보하고 대추는 기운을 만들며 연자는 심장을 튼튼하게 한다. 곡물류는 모두 기혈을 보하고 소화기에 도움이 되어 성장 발육이나 노화예방에 좋은 식품이다.

해서解署 슈완라탕

🍈 약선의 효능

기혈을 보하고 열은 내리며 진액을 만들어 준다. 또한 이뇨작용이 있어 더운 여름철에
적합한 약선으로 숙취해소에도 도움이 된다. 허약한 체질로 여름철에 땀을 많이 흘리
고 소화를 시키지 못하며 기운이 없고 무기력한 사람들에게 좋은 약선이다.

|재료|

- **식재료** : 순두부 200g, 표고버섯 3개, 돼지고기 50g, 달걀 1개, 토마토 1개, 마른고추 5개,
  대파 ½개, 청경채 3개, 전분, 소금, 후추, 간장, 식초, 닭육수, 참기름, 식용유
- **약재료** : 황기 30g, 산약(생마) 50g, 소엽(깻잎) 5g

표고버섯   토마토   순두부   황기   달걀

깻잎   산약

돼지고기

만드는 법

1. 닭뼈와 황기는 깨끗이 씻어 40분 정도 끓여 육수를 준비한다.
2. 두부와 표고버섯, 돼지고기, 대파, 깻잎은 깨끗이 씻어 가늘게 채 썰어 준비한다.
3. 팬에 식용유를 두르고 두부와 깻잎을 제외한 위의 재료를 단단한 순서로 볶는다.
4. 볶는 재료에 육수를 넣고 끓이면서 거품은 걷어 내고 소금, 간장으로 간을 한다.
5. 재료가 다 익으면 전분물을 넣어 농도를 맞춘다.
6. 위에 달걀을 풀어 넣고 두부, 깻잎, 참기름, 식초, 후추, 대파를 넣고 완성한다.

배합원리

슈완라탕은 중국인들이 여름철에 자주 먹는 식품으로 신맛과 매운맛이 위주로 신맛은 여름철 땀이 많이 나는 것을 예방하고 매운맛은 인체의 기체나 습이 뭉치는 것을 발산하여 주는 효과가 있다. 여기에 기운을 보하는 황기와 폐, 비장, 신장을 튼튼하게 하는 산약, 그리고 기운을 아래로 내리고 소화를 돕는 소엽을 배합하여 약성을 강화하였다.

불도장

☞ 약선의 효능

예부터 보양식으로 알려진 재료를 모두 사용하는 요리로 오장육부를 보하고 신장의 정을 보충하는 효능이 있어 몸이 허약한 사람이나 나이 드신 어르신들께 좋은 약선이다. 음양기혈을 모두 보하므로 수술 후 환자나 선천적으로 허약한 사람들에게 적합하며 기력회복에 도움이 된다.

|재료|

- **해산물** : 상어지느러미, 마른관자, 마른전복, 마른해삼, 마른오징어, 새우, 잉어부레, 생선껍질, 자라 등
- **육류** : 돼지고기(목살, 위, 힘줄), 오골계, 오리고기, 닭고기, 살라미(중국식 햄)
- **버섯** : 송이버섯, 표고버섯, 은이버섯
- **채소** : 토란, 청경채, 죽순
- **약재** : 인삼, 녹각, 동충하초, 대추, 은행, 구기자, 용안육
- **육수** : 소뼈, 돼지뼈, 닭뼈, 생강, 대파, 양파

오골계 닭 청경채 죽순 은행 대추 목이버섯 표고버섯

돼지고기 새우 오징어 전복 건해삼 패주 자라 은이버섯

상어
지느러미 건삼 녹각 용안육 구기자 동충하초 오리

▌만드는 법▐

1. 육수용 재료인 소뼈, 돼지뼈, 닭뼈는 물에 충분히 담가 핏물을 빼고 지방을 제거한 뒤 한소끔 끓여 기름과 찌꺼기 등을 제거하고 맑은 물에 대파와 생강 등을 함께 넣어 약한 불에서 2~3시 간 끓여 맑은 육수를 낸다.
2. 건어물 등의 말린 식재료는 충분히 불린 후 뜨거운 물에 데치고 그밖의 재료들은 뜨거운 물에 데치거나 익혀서 알맞은 크기로 썰어 놓는다.
3. 도자기 그릇에 준비된 재료와 약재를 넣고 육수에 소흥주와 진간장, 굴소스 등을 넣어 간을 맞추어 재료에 넣고 연잎으로 봉한 후 5시간 이상 중탕으로 은근하게 고아 낸다.
4. 현대적인 방식으로는 재료를 소흥주와 간장, 굴소스 등으로 간을 하여 다시 한 번 끓인 후, 개 별 그릇에 육수와 재료를 골고루 나누어 담고 연잎이나 한지로 위를 봉하여 찜통에 넣고 4시 간 이상 증기의 열로 쪄서 낸다.

▌배합원리▐

불도장은 사전에 보면 중국광동요리와 복건식요리 상어지느러미 수프라고 되어 있다. 이 요리는 청 나라 때 만들어진 요리로 다양한 고급 식재료를 이용하여 소흥주에 재워 오래 고아서 만들어졌으 며 단백질과 칼슘을 많이 함유하고 있다. 불도장이라는 이름은 "승려가 그 풍미에 이끌려 담장을 넘을 정도로 맛과 향이 좋다"는 뜻으로 지어졌다. 지역과 상황에 따라 식재료도 다르고 요리법도 다르기 때문에 표준적인 조리법이 확정되어 있지는 않다.

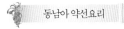

동남아 약선요리

사군자쌀국수

약선의 효능

습을 제거하여 비장을 튼튼하게 하고 기운이 나게 하며 신진대사를 활발하게 하여 면역력을 증강시키는 약선으로 위장기능을 개선하고 식욕을 촉진시키며 소화를 돕는다. 무더운 장마철이나 동남아처럼 날씨가 덥고 습도가 높은 지역의 사람들에게 기력을 회복하고 소화기를 튼튼하게 하는데 적합하다.

|재료|

- **식재료** : 쌀국수 450g, 닭 1마리, 숙주 220g, 양파 2개, 홍고추 1개, 청고추 1개, 생강 50g,
  굴소스 1작은술, 설탕 1작은술, 소금, 후추, 칠리소스, 라임즙, 호이신소스
- **약재료** : 사군자탕(황기 30g, 백출 10g, 복령 10g, 감초 6g), 팔각 2개, 계피 5g, 구기자 10g

닭   감초   계피   구기자   백출

복령   생강   팔각   숙주

양파   쌀국수   황기

만드는 법

1. 닭은 깨끗이 손질하여 양파, 생강을 넣고 삶는다.
2. 닭이 익으면 닭만 건져내고 살코기를 발라 길게 찢어 놓는다.
3. 남은 닭뼈는 구기자를 제외한 약재료와 함께 다시 육수에 넣고 30분 정도 더 끓인 후 베보자기에 걸러 육수를 만든다.
4. 양파는 깨끗이 씻어 얇게 채 썬다.
5. 숙주는 잘 다듬어 깨끗이 씻어 준비한다.
6. 고추는 씨를 빼내고 어슷썰어 준비한다.
7. 쌀국수는 물에 20분 정도 부드럽게 불린다.
8. 만들어 놓은 육수에 구기자, 굴소스, 설탕, 소금, 후추로 간을 하고 뜨겁게 준비한다.
9. 불린 쌀국수는 뜨거운 물에 살짝 넣어 건져 그릇에 담는다.
10. 쌀국수에 닭고기, 양파, 고추, 숙주를 얹고 뜨거운 육수를 붓는다.
11. 호이신소스, 칠리소스, 라임즙은 기호에 따라 넣어 먹는다.

배합원리

닭고기는 기운을 보하는 효능이 뛰어나고 사군자탕은 비위를 튼튼하게 하고 기운을 만들어 주며 수액대사를 활발하게 하는 방제다. 사군자탕 중 황기는 기운을 보하고 이뇨작용이 있으며 복령은 비장을 튼튼하게 하고 습을 제거하는 효능이 있다. 백출 역시 비장을 튼튼하게 하고 습을 제거하며 소화를 돕는다. 감초는 중초를 편하게 하고 비장에 유익한 약재다. 생강은 중초를 따뜻하게 하고 계피는 경락을 잘 통하게 하고 냄새를 제거하여 맛을 깨끗하게 해주며 구기자는 정혈을 보한다. 숙주는 열은 내리고 해독을 하며 양파는 혈액순환을 촉진시키고 소화를 도우며 여러 가지 향신료 역시 습을 제거하고 소화를 도우며 음식의 향을 좋게 한다.

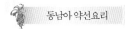
복율꽃게커리(뿌팟퐁커리)

☞ 약선의 효능

어혈을 풀어주고 경락을 잘 통하게 하며 혈액순환을 활발하게 하고 신진대사를 증강시키는 효능이 있는 약선으로 상처를 잘 아물게 하여 수술 후 회복기 환자나 외상을 입은 사람들에게 유익하고 배와 옆구리 쪽이 창만하면서 통증이 따르고 어혈로 인한 자통(刺痛)이 있는 사람이나 생리통에 효과가 있다.

또한 습하고 더운 날씨에 오랫동안 노출되어 소화력이 떨어지는 사람에게 좋고 식욕이 돋우며 현대연구에 의하면 카레는 치매를 예방하는 효과가 있다고 한다.

|재료|

- **식재료** : 꽃게 2마리, 중새우 5마리, 숙주 100g, 카레가루 100g, 코코넛밀크 ½컵, 올리브오일,
  달걀 2개, 해선장소스 1큰술, 액젓 1작은술, 부침가루 1컵, 마늘 5쪽, 양파 1개, 쪽파 100g,
  부추 50g, 청·홍고추 각 1개씩
- **약재료** : 복령가루 10g, 율무가루 10g, 홍화 3g, 도인 10g

꽃게 　　도인 　　홍화 　　복령가루 　　율무가루

새우 　　숙주 　　카레가루 　　코코넛밀크

▌만드는 법 ▐

1. 꽃게는 깨끗이 씻어 게딱지를 떼어놓고 다리와 몸통은 4등분으로 자른다.
2. 새우는 깨끗이 씻어 머리 끝부분과 꼬리부분을 잘라내어 손질한다.
3. 양파, 쪽파, 부추는 깨끗이 씻어 5cm 정도의 길이로 썰어 준비한다.
4. 달걀을 그릇에 담아 잘 저어 풀어주고 고추는 어슷썰기 하여 준비한다.
5. 도인은 잘게 부셔 카레가루, 복령가루, 율무가루, 홍화와 함께 찬물에 풀어 준비한다.
6. 꽃게와 새우를 부침가루에 묻혀 기름에 튀겨낸다.
7. 팬에 기름을 두르고 양파와 마늘을 넣고 볶다가 쪽파를 넣고 한 번 더 볶는다.
8. 튀긴 꽃게와 고추를 넣고 볶다가 ❺를 넣고 끓인다.
9. 코코넛밀크를 넣고 한 번 더 끓이다가 달걀물을 넣는다.
10. 마지막으로 액젓과 해선장소스를 넣고 간을 보고 부추와 숙주를 넣고 볶아 완성한다.

▌배합원리 ▐

꽃게는 어혈을 풀어주고 경락을 잘 통하게 하며 상처를 잘 아물게 하는 효능이 있고 새우는 신장의 양기를 돕고 몸을 윤택하게 하는 효능이 있다. 강황은 주약으로 기체로 인해 어혈이 발생하는 것을 막아주고 혈액을 잘 통하도록 하며 홍화와 도인은 활혈산어(活血散瘀)작용이 있으며 두 가지 약을 배합하면 약성이 더욱 강해진다. 복령과 율무는 비장을 튼튼하게 하고 습을 제거하며 소화를 돕는다. 카레에 들어가는 성분은 주로 방향성이 있는 향신료로 탁한 것을 맑게 하며 기운이 뭉쳐있는 것을 풀어주는 역할을 한다.

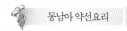

구기자라이스페이퍼찜

🍶 약선의 효능

열을 내리고 습을 제거하며 비장을 튼튼하게 하고 이뇨작용이 있으며 식욕을 증진시키는 효능이 있는 약선으로 현대성인병에 효과가 있고 피부를 윤택하게 한다. 특히 습하고 더운 지방에 사는 사람들에게 적합하며 식욕이 없는 사람, 풍습성관절염이나 수종이 자주 나타나는 사람, 설사를 자주하는 사람, 비만하면서 열이 많은 사람들에게 적합한 약선이다.

▎재료▎

- **식재료** : 라이스페이퍼 30장, 돼지고기 100g, 당근 ½개, 숙주 100g, 실당면 50g, 목이버섯 20g, 달걀 2개, 다진마늘 1큰술, 고추 2개, 실파 5뿌리, 민트 5잎, 굴소스 1작은술, 식용유, 소금, 후추, 레몬
- **약재료** : 복령가루 1큰술, 율무가루 1큰술, 구기자 10g
- **소스재료**
  겨자마늘소스 : 연겨자 1작은술, 다진마늘 1작은술, 식초 1큰술, 맛술 1큰술, 설탕 1큰술, 고추기름 1큰술, 소금 1작은술
  땅콩소스 : 땅콩 1큰술, 간장 1큰술, 물엿 1큰술, 식초 1큰술, 연겨자 1작은술(믹서에 간다)

| 돼지고기 | 라이스페이퍼 | 숙주 | 구기자 | 당근 | 목이버섯 |

| 고추 | 복령가루 | 율무가루 | 실당면 | 쪽파 |

|만드는 법|

1. 당면과 목이버섯, 구기자는 뜨거운 물에 불려 둔다.
2. 돼지고기와 당근은 함께 곱게 다져 준비한다.
3. 실파, 고추, 불린 목이버섯은 깨끗이 씻어 함께 다진다.
4. 불린 당면과 숙주는 가위로 잘게 잘라 놓는다.
5. 위의 재료에 달걀, 복령가루, 율무가루, 다진 민트, 다진마늘, 레몬즙을 넣고 잘 섞어준다.
6. 라이스페이퍼를 식초를 넣은 뜨거운 물에 살짝 넣어 뺀 후 도마 위에 펴놓고 구기자를 먼저 놓고 ❺의 재료를 수저로 떠 올려서 만다.
7. 찜통에 연잎이나 포도잎을 깔고 쪄낸다.

|배합원리|

돼지고기는 신장에 유익하고 자음윤조작용이 있으며 복령은 비장을 튼튼하게 하고 습을 제거하며 속을 편하게 하고 정신을 안정시키는 효능이 있으며 율무는 습을 제거하고 피부를 윤택하게 하며 비장을 튼튼하게 하는 효능이 있어 복령과 함께 습열이 많은 사람에게 유익하다. 당근은 소화를 돕고 비장을 튼튼하게 하며 식욕을 증진시킨다. 구기자는 정혈을 보하고 노화를 예방하며 숙주는 더위를 이기고 해독작용이 있으며 번열을 없애고 소변을 잘 나오게 하고 수종에 효과가 있다. 고추와 마늘, 실파는 매운맛으로 발산작용을 하여 기운을 잘 소통되게 하고 박하는 청량한 기운을 발산하며 이들 모두 소화를 돕는 역할을 한다.

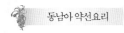
약선똠얌꿍(TOM YUM KUNG)

약선의 효능

소화를 돕고 습을 제거하며 정혈을 보하는 약선이다. 열대지방에 사는 사람들이 즐겨 먹는 메뉴로 소화기가 차고 약하여 영양불량인 사람에게 적합하고 우리나라에서는 무덥고 습한 여름 장마철에 보양식으로 적합하다.

재료

- **식재료** : 새우 12마리, 관자 5개, 해삼 1마리, 넛맥 1개, 레몬 1개, 생강 ½개, 똠양소스 3큰술, 참치 1큰술, 청양고추 2개, 올리브오일 1큰술, 바질잎 5장, 피시소스 2큰술, 코코넛밀크 3큰술, 토마토 1개, 닭육수 1리터
- **약재료** : 황기 50g, 복령 30g, 백출 20g, 감초 5g

| 새우 | 건해삼 | 감초 | 백출 | 복령 |

청양고추

레몬   패주   생강   넛맥   황기

만드는 법

1. 새우는 머리와 껍질을 떼어내고 배를 갈라 창자를 꺼내어 준비한다.
2. 관자는 껍질을 떼어내고 손질하여 적당한 두께로 자른다.
3. 냉동해삼은 물에 녹여 깨끗이 손질하고 먹기 좋은 크기로 자른다.
4. 토마토는 껍질은 벗기고 사각으로 썰어 놓는다.
5. 닭뼈에 감초를 제외한 약재를 넣고 육수를 만든다.
6. 닭육수에 똠양소스, 청양고춧가루, 올리브오일, 액젓, 레몬즙, 피시소스를 배합하여 놓는다.
7. 냄비에 해산물과 넛맥, 청양고추, 레몬껍질, 토마토, 생강, 감초, 고추를 넣고 ❻의 소스를 부어 끓인다.
8. 해산물이 익으면 바질과 코코넛밀크를 넣고 완성한다.

배합원리

새우는 신장의 양기를 보하고 해삼은 체력회복에 좋으며 관자는 기혈을 보하는 식품으로 여름철 기력이 떨어진 사람들에게 좋은 식품이다. 여기에 동양의학의 사군자탕을 배합하여 기운을 보하고 소화기를 튼튼하게 하였다. 또한 생강과 고추는 중초를 따뜻하게 하고 레몬은 해독작용과 땀을 많이 흘리지 않게 하고 넛맥과 바질은 사군자탕과 함께 습을 제거하고 소화를 도우며 방부역할을 한다.

백합숙주볶음

☛ 약선의 효능

열을 내리고 갈증을 없애며 주독을 풀어주고 소변을 잘 나오게 하며 몸을 윤택하게 하고 식욕을 증진시키며 비위를 편하게 하고 피부미용에 좋은 약선으로 더위 먹어 속이 답답하고 갈증이 있으며 식욕이 없는 사람들에게 적합하다.

|재료|

- **식재료** : 숙주 250g, 돼지고기 100g, 양파 ⅓개, 다진마늘 1큰술, 피시소스 1작은술,
  해선장소스 1큰술, 설탕 1작은술, 소금, 후추
- **약재료** : 백합 30g, 구기자 10g

돼지고기   백합   구기자

양파   숙주

|만드는 법|

1. 숙주는 잘 다듬어 깨끗이 씻어 준비한다.

2. 돼지고기는 갈아 놓고 양파는 다져 준비하고 대추는 씨를 제거하고 채 썰어 준비한다.

3. 팬에 기름을 두르고 양파를 넣고 볶다가 돼지고기를 넣는다.

4. ❸에 마늘을 넣어 볶다가 돼지고기가 익으면 숙주를 넣고 살짝 볶는다.

5. 피시소스와 설탕 등 양념을 하여 완성한다.

|배합원리|

숙주는 성질은 차고 맛은 달며 심장경, 위경으로 들어간다. 더위를 잘 견디게 하고 열을 내리며 해
독작용과 이뇨작용이 있어 여름철이나 더운 기후에 적합한 식품이다. 돼지고기는 신장의 음을 보
하고 몸을 윤택하게 하며 음혈을 보하는 식품으로 숙주와 배합하면 식욕을 증진시키고 영양의 균
형을 맞추는 효과가 있다. 백합은 정신을 안정시키고 심장, 폐를 윤택하게 하며 보중익기작용도 있
어 배합하였다. 구기자는 정혈을 보하고 노화예방에 좋다.

파인애플카레볶음밥

☞ 약선의 효능

면역력을 증강시키고 혈액순환을 도우며 소화를 촉진시키는 약선으로 식욕이 없고 기력이 부족하며 소화가 잘 되지 않는 사람들에게 적합하다. 또한 더운 여름철 더위를 이기는 효능이 있으며 갈증을 해소한다.

|재료|

- **식재료** : 파인애플 1개, 쌀 400g, 달걀 2개, 돼지고기 100g, 양파 ½개, 완두콩 100g, 당근 50g, 표고버섯 4개, 마늘 5쪽, 카레가루 100g, 삼발소스 2큰술, 케찹마니스 3큰술, 소금, 후추
- **약선재료** : 산약(생마) 100g, 구기자 10g

돼지고기   달걀   당근   구기자   쌀

완두콩   양파   산약

표고버섯   카레가루   파인애플

만드는 법

1. 파인애플은 깨끗이 씻어 반으로 잘라 속을 파내어 그릇으로 만들어 소금물에 담가 놓고 속을 잘게 잘라 준비한다.
2. 밥을 고슬고슬하게 지어 놓고 돼지고기는 잘게 썰어 준비한다.
3. 산약은 껍질을 벗기고 잘 손질하여 잘게 썰어 준비한다.
4. 양파, 당근, 표고버섯은 잘게 다져 놓는다.
5. 팬에 기름을 두르고 양파와 돼지고기, 표고버섯, 파인애플을 넣고 볶다가 밥과 완두콩, 당근, 산약을 넣고 볶는다.
6. 밥이 볶아지면 달걀을 넣고 카레가루와 양념을 넣는다.
7. 볶아진 밥을 파인애플에 담아 오븐에 구워낸다.

배합원리

파인애플은 열을 내리고 비위를 편하게 하며 갈증을 해소하고 더위를 이기는 효능이 있으며 또한 식욕을 증강시키고 소화를 돕는다. 돼지고기는 자음작용이 있어 몸을 윤택하게 하고 신장을 튼튼하게 한다. 채소는 면역력을 증강시키고 소화를 도우며 신진대사를 원활하게 하고 변비에 효과가 있다. 카레는 소화를 돕고 혈액순환을 활발하게 하며 산약은 폐, 비, 신장을 튼튼하게 하는 효능이 있다.

일식 약선요리

오색오미김초밥

☞ 약선의 효능

오장을 골고루 보하고 영양의 균형을 맞추며 기혈을 만들어 주는 약선으로 오색을 맞추어 각자의 효능을 살려 신진대사를 활발하게 하고 평소 건강을 유지하기 좋은 약선이다.

▮재료▮

- **식재료** : 쌀, 김, 달걀말이, 당근, 오이, 우엉
- **단촛물** : 식초 2큰술, 설탕 1큰술, 소금 약간

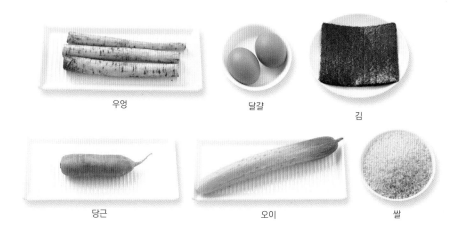

우엉   달걀   김

당근   오이   쌀

┃만드는 법┃

1. 밥을 고슬하게 지어 준비하여 식으면 단촛물을 뿌려 비벼 놓는다.

2. 달걀말이는 달걀을 풀어 두껍게 말아 사각으로 잘라 준비한다.

3. 당근을 길게 사각으로 잘라 데쳐 놓는다.

4. 오이는 사각으로 길게 잘라 소금에 절여 놓는다.

5. 우엉은 간장에 졸여 놓는다.

6. 김을 깔고 그 위에 밥을 얇게 편 다음 가운데 달걀을 넣고 다른 채소를 놓고 만다.

┃배합원리┃

당근은 적색으로 심장경으로 들어가고 달걀은 노란색으로 비장으로 들어간다. 오이는 녹색으로 간
경으로 들어가고 김은 검정색으로 신장으로 작용한다. 우엉은 간장에 졸여 검정색이지만 속은 흰
색이며 폐경으로 들어가므로 오색이 모두 있다. 오미는 단맛, 쓴맛, 매운맛, 짠맛, 신맛인데 오미 또
한 모두 들어 있다. 설탕, 소금, 식초 외에 당근의 달고 매운맛, 우엉의 쓴맛이 있다. 따라서 오장의
균형이 맞춰진 음식으로 평소 건강한 사람들의 건강을 유지하는데 좋은 음식이다.

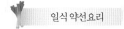

소고기두부전골

☞ 약선의 효능

기혈을 보하고 근골을 튼튼하게 하며 비위를 편하게 하는 약선으로 몸이 허약하거나 기운이 부족하고 비위가 약하여 소화가 잘 안되며 기운이 없고 몸이 무거우며 권태감이 있는 사람들에게 좋다. 또한 체력소모가 많은 일을 할 때나 병후 회복기에 있는 사람들에게도 좋은 약선이다.

|재료|

- **식재료** : 소고기 300g, 두부 1모, 양파 1개, 배추잎 6장, 숙주 150g, 쑥갓 150g, 팽이버섯 1봉지,
  표고버섯 5개, 새송이버섯 2개, 우엉 ½대, 대파 1대, 국간장 적당량
- **약선재료** : 황기, 복령, 백출, 감초, 가시오가피, 구기자

표고버섯

소고기　　두부　　감초　　구기자　　복령　　가시오가피　　백출

새송이버섯　　숙주　　쑥갓　　애기배추　　팽이버섯　　황기

---

tip	**국간장만들기**

다시멸치 30g, 마른표고버섯 30g, 청주 2컵, 다시마 30g, 물 500cc. - 이상의 재료를 모두 넣고 오랫동안 담가둔다. 불에 올려 끓기 시작하면 다시마를 빼고 10분 정도 더 끓이다가 불을 끄고 가츠오부시 30g을 넣고 5분 후에 걸러낸다. 걸러낸 국물에 간장 2컵, 미림 2컵, 혼다시 3큰술, 설탕 1큰술을 넣고 다시 한 번 끓여 걸러낸다.

▌만드는 법 ▌

1. 소고기는 불고기용으로 준비하고 두부는 5cm 정도 크기로 자른다.

2. 약재료는 깨끗이 씻어 물에 넣고 30분 정도 끓여 약물을 만든다.

3. 국간장은 위의 분량대로 넣고 만들어 준비한다.

4. 양파, 배추, 우엉, 표고버섯은 손질하여 채 썰고 대파는 어슷하게 썬다.

5. 팽이버섯은 깨끗이 씻어 밑둥을 제거하고 새송이버섯은 편으로 자른다.

6. 숙주는 깨끗이 씻어 준비한다.

7. 준비한 재료를 전골냄비에 가지런히 놓고 약물과 국간장을 넣고 끓인다.

▌배합원리 ▌

소고기는 비장경, 위경으로 들어가고 맛은 달다. 비위를 튼튼하게 하고 기혈을 보하며 근골을 튼튼하게 한다. 두부는 식물성단백질 공급원으로 허약한 체질을 튼튼하게 하고 기혈을 보하고 소고기와 같이 배합하면 소고기의 단점을 보완해주고 장점을 도와주며 각종 채소와 함께 소화를 돕고 신진대사를 활발하게 한다. 여기에 비위를 튼튼하게 하고 기운을 만들어주는 사군자탕과 근골을 튼튼하게 하고 간과 신장을 강화시키는 가시오가피와 구기자를 배합하여 허약한 신체를 개선시킨다.

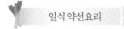

구기자오꼬노미야끼

약선의 효능

허해진 기운으로 인해 생기는 어혈을 풀어주고 혈액순환을 도우며, 신장의 양기를 보해 기운을 잘 통하게 해준다. 간양을 안정시키며 풍을 제거하고 경락을 잘 통하게 해 중풍으로 인한 떨림현상이나 어린이들의 경기에 효과가 있으며 몸이 찬 체질에도 좋다. 넘어져 생긴 멍과 변비에도 효과가 있다. 또한 위장을 튼튼하게 하여 소화를 돕고 변비에도 효과가 있다.

|재료|

- **식재료** : 새우 150g, 부추 100g, 양배추 ½통, 당근 ½개, 양파 1개, 베이컨 5장, 오징어 ½마리, 쪽파, 달걀 1개, 부침가루, 가츠오부시, 마요네즈, 데리야끼소스
- **양념장** : 천마 20g, 구기자 10g, 홍화 3g, 도인 10g

오징어 새우 구기자 도인 홍화 양파 양배추

베이컨 부추 천마

┃만드는 법┃

1. 양배추, 당근, 양파를 최대한 잘게 채 썬다.

2. 천마와 도인은 갈아놓는다.

3. 채 썰어 놓은 채소에 베이컨, 새우, 오징어를 먹기 좋은 크기로 썰어 넣는다.

4. 갈아놓은 천마, 도인과 구기자, 홍화, 달걀, 부침가루를 위의 재료에 알맞게 섞어 팬에 구워낸다

5. 데리야끼소스와 마요네즈를 뿌리고 가츠오부시를 얹어낸다.

┃배합원리┃

천마의 성질은 평하고 맛은 달며 간경으로 들어간다. 간풍을 가라앉히고 간양을 안정시켜 중풍 전조증에 효과가 있고, 경락을 잘 통하게 한다. 풍습으로 인한 관절염과 노인성 치매에도 좋다. 여기에 홍화와 도인을 배합하여 어혈을 풀어주고 활혈작용을 높였으며, 새우와 부추를 넣어 신장의 양기를 보하고 기운을 잘 통하게 하며 혈전을 풀어주는 역할을 더했다. 돼지고기는 신장의 음을 보하고 기혈을 보하며 건조한 것을 윤택하게 하는 작용이 있고, 양파는 위를 튼튼하게 하고 기운을 조절해 준다. 오징어는 양혈작용과 자음작용 및 신장과 간장을 보하고 피부미용에 좋다. 양배추는 지혈, 지통작용이 있으며 근골을 튼튼하게 한다.

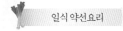

자음부타동

🥢 약선의 효능

자음작용이 있어 몸을 윤택하게 하고 기혈을 보하여 피부를 아름답게 하는 효능이 있으며 피부가 건조하고 몸이 마른 사람이나 열병을 앓고 난 후 진액이 손상된 사람에게 도움이 된다. 또한 폐가 건조하여 마른기침을 하거나 갱년기종합증, 당뇨병 등 음이 허약하여 허열이 있는 사람에게도 적합하다.

▮재료▮

- **식재료** : 쌀 300g, 돼지고기 200g, 배추 50g, 양파 ½개, 당근 ⅕개, 실파 3뿌리, 표고버섯 1개, 달걀
- **약재료** : 맥문동 30g, 옥죽 30g, 구기자 10g
- **양념장** : 다진마늘 1작은술, 다진생강 1작은술, 간장 2큰술, 설탕 1큰술, 올리고당 1큰술,
  참치액젓 1큰술, 정종 1큰술, 참기름, 후추

| 돼지고기 | 구기자 | 당근 | 양파 |

| 옥죽 | 맥문동 | 쌀 | 애기배추 |

만드는 법

1. 밥은 고슬하게 지어 준비한다.
2. 돼지고기는 뜨거운 물에 살짝 데쳐서 꺼내 식혀둔다.
3. 약재는 냄비에 넣고 물을 부어 30분 이상 끓여 걸러서 약물을 준비한다.
4. 실파는 잘게 썰고 다른 채소는 길게 채 썰어 놓는다.
5. 양념장은 위의 분량대로 잘 섞어 놓는다.
6. 달걀은 노른자는 따로 분리하여 준비하고 나머지는 풀어 놓는다.
7. 달궈진 팬에 양파를 넣고 볶다가 당근과 배추, 표고버섯을 넣고 볶는다.
8. ❼에 돼지고기와 양념, 약물을 넣고 졸인다.
9. 고기가 익으면 풀어 놓은 달걀을 위에다 뿌리고 불은 끈다.
10. 준비된 밥에 ❾를 얹고 실파를 뿌리고 중앙에 달걀노른자를 올려놓는다.

배합원리

일식 돼지고기덮밥인 부타동에 맥문동, 옥죽을 넣어 자음작용을 보강하였다. 돼지고기는 성질은 약간 차고 맛은 달고 짜며 비, 위, 신장경으로 들어간다. 효능은 신장의 음을 보하고 위액을 충족시키며 자음작용이 있다. 맥문동은 폐음을 보하는 작용이 있고 옥죽 또한 폐와 비장의 음을 보해주는 작용이 있어 배합하였으며 구기자는 신장을 보하는 효능이 있어 배합하였다. 그 밖에 양파는 혈액순환을 돕고 당근은 보혈작용이 있으며 배추는 돼지고기와 배합하면 신체를 윤택하게 하고 보혈작용이 강해지고 빈혈과 변비를 예방한다.

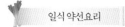

패모오뎅나베

약선의 효능

폐열을 내리고 폐음을 보하며 진해, 거담작용이 있다. 또 폐를 윤택하게 해주고 가슴이 답답한 증상을 완화시켜 주며 발한해표작용과 살균해독작용이 있다. 진액을 만들어내고 이뇨작용과 노화예방에도 좋다.

|재료|

- **식재료** : 어묵 2봉, 쑥갓 100g, 무 1개, 표고버섯 5개, 느타리버섯 100g, 팽이버섯 1봉, 청경채 200g, 배추 200g, 곤약 300g, 삶은 달걀 3개, 두부 ½모, 대파, 고추, 우동사리
- **육수** : 무 ½개, 대파뿌리, 양파 1개, 다시마, 표고버섯, 패모 15g, 맥문동 15g, 가츠오부시 (또는 쯔유간장)
- **양념장** : 정종, 미림, 간장, 액젓
- **소스** : 양념장, 생강즙, 와사비

곤약　　애기배추　　느타리버섯　　어묵

맥문동　　무　　대파

표고버섯　　패모　　쑥갓　　팽이버섯　　청경채

| 만드는 법 |

1. 가츠오부시를 제외한 육수재료에 물을 넣고 끓인다.

2. 육수가 끓고 나면 불을 끄고 가츠오부시를 넣은 뒤 5분 후에 재료들을 건져낸다.

3. 양념장으로 육수에 간을 맞춘다.

4. 어묵은 끓는물에 한 번 데쳐 꼬지에 끼워놓는다.

5. 냄비에 손질한 재료들을 담고 육수를 부어 끓여낸다.

| 배합원리 |

패모는 응결된 것을 풀어 아래로 내리는 화담의 약이다. 따라서 가래를 삭이고 기침을 멈추게 하며 뭉친 화도 풀어준다. 폐열을 내리고 천식에도 효과가 있다. 여기에 맥문동을 더해 폐를 윤택하게 해준다. 대파는 발한해표작용과 소화액 분비를 촉진시키며 양기를 잘 통하게 하고 살균해독작용이 있다. 무는 가래를 없애 기침을 멈추게 하고 기운을 아래로 내려 중초를 넓혀주어 속을 편하게 해준다. 표고버섯은 위와 장에 유익하고 화담이기작용이 있으며, 청경채는 폐의 기운을 잘 통하게 하여 기침을 멈추게 하고 갈증을 멈추게 해준다. 다시마는 담을 삭여주고 단단한 것을 부드럽게 해주며 뭉친 것을 풀고 열을 내려준다.

일본식연어덮밥

🦪 약선의 효능

비위를 따뜻하게 하여 소화를 돕고 허약한 체질을 강하게 하며 이뇨작용과 익기, 통유, 화습작용이 있어 임신수종을 치료하고 산모의 유즙분비를 돕는다. 또한 청나라 왕맹영은 "연어는 피부를 습윤하게 하여 탄력 있고 아름답게 한다"고 하였다.

▌재료▐

- **식재료** : 쌀 300g, 훈제연어 200g, 양파 1개, 무순, 와사비 약간씩
- **소스** : 양파 ½개, 마늘 5개, 생강 1편, 계피 2g, 설탕 3큰술, 간장 100ml,
  미림 50ml, 물 50ml, 가츠오부시 약간
- **양념장** : 용안육 50g

훈제연어　　계피　　용안육

생강　　양파　　쌀

| 만드는 법 |

1. 밥은 고실고실하게 하여 준비한다.
2. 용안육과 계피는 소스에 들어가는 물에 30분 이상 불려 놓는다.
3. 양파는 채 썰어 반은 밥에, 반은 소스에 넣는다.
4. 간장소스는 위의 분량을 모두 넣고 5분 정도 끓여 고운 천에 거른다.
5. 접시에 밥을 넣고 그 위에 소스를 뿌리고 양파채를 얹고 연어를 올린다.
6. 연어 위에 무순을 얹어낸다.

| 배합원리 |

연어는 성질은 따뜻하고 맛은 달며 비장경, 폐경으로 들어간다. 건비, 이수, 온비, 익기, 통유, 화습작
용이 있으며 피부미용에도 좋다. 용안육은 심장과 비장을 보하며 보혈, 안신, 익지작용이 있으며 피
부를 아름답게 한다. 생강은 소화를 돕고 중초를 따뜻하게 하고 계피는 경락을 잘 통하게 한다.

두부_ 益气宽中(익기관중), 生津止渴(생진지갈), 请热解毒(청열해독)

신체허약, 기혈양허, 영양불량인 사람에게 좋은 식품으로 혈지방을 낮추고 혈관경화나 당뇨, 비만을 예방하며 기관지에도 효과가 있으며 산후 유즙분비가 적거나 청소년 발육에도 좋은 식품이다. 또한 술을 자주 마시는 사람에게는 간장해독작용을 돕는다.

*두부에는 통풍을 일으키는 물질을 함유하고 있으므로 통풍환자는 먹지 말 것.

해삼_ 补肾(보신), 滋阴(자음), 养血(양혈), 益精(익정), 温阳(온양), 调经(조경), 养胎(양태), 抗老衰(항노쇠)

신체허약, 기혈양허, 영양불량인 사람에게 좋은 식품으로 신장의 양기 부족으로 양위, 유정이나 소변이 자주 나오는 사람에게 효과가 있다. 또한 수술 후 몸이 허약한 사람이나 고혈압, 고지혈증 등에도 좋으며 노인들의 기력회복에 도움을 주는 식품이다.

*비만이나 설사를 자주하는 사람은 많이 먹지 말 것.

죽순_ 清热(청열), 消痰(소담), 利二便(리이변)

풍열감기나 폐열로 인한 기침, 황색가래가 많은 사람에게 좋고 급성신염, 심장병, 간장병, 피부두드러기, 수두 등에 효과가 있으며 열이 나면서 소변이 안 나오는 사람이나 동맥경화나 비만 등에 좋은 식품이다.

*어린이들은 소화를 시키기가 어렵고 칼슘이나 아연의 흡수를 방해하므로 많이 먹으면 좋지 않다. 또한 위궤양이나 만성신장공능부전이나 비뇨계통 결석이 있는 사람에게도 좋지 않다.

표고버섯_ 补气血(보기혈), 降血脂(강혈지), 抗癌(항암)

기운이 허하여 어지럽거나 백혈구감소증 노인들의 체력저하에 좋고 고혈압, 고혈지방, 비만, 당뇨에 효과가 있으며 간염이나 신장염에 많이 사용하며 항암작용이 있는 식품이다.

목이버섯_ 滋养益胃(자양익위), 补气强心(보기강신), 补血止血(보혈지혈)

각종 출혈성 질병이나 월경과다, 심혈관질환이나 당뇨, 비만 등 현대병에 좋은 식품이다.

*动风(동풍)식품으로 가려움 증상이 있는 피부병에는 좋지 않음.

양파_ 祛风发汗(거풍발한), 降血压(강혈압), 降血脂(강혈지), 降血糖(강혈당), 抗癌(항암)

고혈압, 고지혈증, 동맥경화 등 심혈관질환에 효과가 있으며 당뇨에 좋고 항암작용도 있다. 또한 소화불량이나 위산부족, 장염, 이질에도 효과가 있으며 감기에도 사용한다.

*피부가 가려운 사람이나 안과질환으로 눈이 충혈된 사람은 먹지 말 것.

피망_ 食欲增进(식욕증진), 体力增强(체력증강)

식욕이 없거나 빈혈, 잇몸출혈에 효과가 있으며 혈관이 약한 사람에게 좋은 식품이다.

고추_ 温中散寒(온중산한), 开胃进食(개위진식)

위가 차서 일어난 위통, 복통, 식욕부진에 효과가 있으며 여성들의 손발이 차면서 생리통이 심한 사람이나 찬 기운으로 인한 감기 또는 산통에 효과가 있다.

*속에 열이 많거나 阴虚火旺(음허화왕)하는 사람은 많이 먹지 말고 각종 염증 또는 당뇨, 종기, 암, 건조증, 안과질환 등에는 좋지 않다.

당근_ 建脾助消化(건비조소화), 补血助发育(보혈조발육)

脾胃气虚로 인한 빈혈, 영양불량, 발육부진에 좋으며 어린이 두드러기나 수두기간에 먹이면 효과가 있으며 고혈압이나 콜레스테롤이 높고 야맹증이나 담결석이 있는 사람에게도 좋은 식품이다.

*한번에 많은 양을 복용하는 것은 좋지 않다. 지용성비타민이 체내에 많이 축적되어 피부가 황색이 되고 오래되면 구역질이나 식욕부진이 일어날 수 있다.

홍합_ 补肝肾(보간신), 益精血(익정혈), 消肿瘍(소종양)

중노년층의 허약체질이나 영양불량인 사람에게 효과가 있고 고지혈증이나 심장병, 고혈압, 동맥경화에 좋으며 갑상선종이나 냉대하, 요통, 어린이 성장 발육불량에 좋은 식품이다.

조개_ 清热(청열), 利湿(리습), 解毒(해독)

황달이나 당뇨, 湿毒(습독)으로 인한 각기병, 종기 등에 효과가 있으며 음식 중독에 좋다.

*바지락은 그 성질이 차서 음황이나 몸이 차면서 비장이 허한 사람, 한사로 인해 감기, 기침, 천식이 있는 환자에게는 좋지 않으며 또한 생리기간이나 산후조리에도 좋지 않다.

진피_ 理气开胃(리기개위), 化痰建脾(화담건비)

가슴이 답답하고 배가 더부룩하거나 소화불량, 식욕부진에 효과가 있으며 고혈지방이나 동맥경화, 고혈압에 좋고 비만, 지방간, 담낭염, 담석증, 가래가 많은 기침, 기관지염에 효과가 있는 약재이다.

*체력이 약하고 기가 허한 사람이나 음허로 마른기침을 하는 사람은 좋지 않다.

오장약선
응용편

五腸

오행약선요리

오색밥

🥮 약선의 효능

곡물류의 효능은 비위를 튼튼하게 하고 중초를 편하게 하며 기운을 만들어 준다. 또한 신진대사를 활발하게 하고 대소변을 잘 통하게 하며 인체를 양육하는 효능이 있다. 오곡밥은 오장의 정기를 보하고 영양의 균형을 이루는 효능이 있어 체력이 허약하거나 소화가 잘 안 되며 변비, 설사, 소변불리에 좋다.

|재료|

- **식재료** : 찹쌀 3컵, 검정쌀 ⅓컵, 팥 ⅓컵, 녹두 ⅓컵, 수수 ⅓컵, 조 ⅓컵,
  연자, 은행, 귀리, 검인, 소금 약간

┃만드는 법┃

1. 녹두와 팥, 검인, 수수, 연자, 귀리, 검정쌀은 20분 정도 삶아 준비한다.

2. 찹쌀, 수수, 검정쌀은 1시간 정도 불린다.

3. 밥솥에 모든 재료를 넣고 밥을 짓는다.

┃배합원리┃

찹쌀과 조는 비위로 작용하고 검정쌀과 팥과 연자는 심장으로, 검인은 신장으로, 녹두와 귀리는 간
으로, 수수와 은행은 폐로 작용한다. 따라서 오장을 모두 튼튼하게 하고 기혈을 보하여 신진대사를
활발하게 한다. 또한 대소변을 잘 통하게 하고 영양의 균형을 유지하여 인체 생리 작용에 필요한 영
양소를 공급한다.

오색자라탕

☞ 약선의 효능

신장의 음과 양을 동시에 보하고 허약한 체질을 개선하고 노화를 예방하며 체력을 튼튼하게 하는 효능이 있다. 노화로 인해 체력이 극도로 허약한 사람이나 노동으로 인해 체력손상이 심한 사람에게 적합하고 지병으로 인해 허약해진 체질개선에 효과적이다. 암으로 방사선치료를 받는 사람들의 회복식으로도 적합하고 만성질환으로 체력이 허약해진 사람들에게도 좋다.

|재료|

- 식재료 : 자라 1마리, 대파 1대, 당근 ½개, 미나리 100g, 무 200g, 부추 100g, 옥수수 ½개, 파프리카(홍, 황색) 각 ½개씩, 목이버섯 20g, 표고버섯 2개, 닭육수 10컵
- 양념재료 : 마른고추, 마늘, 생강, 소금, 후추, 요리술
- 약재료 : 육종용, 홍경천, 구기자, 대추

구기자　당근　무　미나리

자라

목이버섯　파프리카(홍색)　옥수수　부추

대추

표고버섯　홍경천　파프리카(황색)　육종용　대파

만드는 법

1. 자라는 머리를 베어 피를 제거하고 끓는 물에 살짝 데쳐서 배를 갈라 대소변을 제거하고 깨끗이 씻어 준비한다.
2. 솥에 물을 넣고 자라, 육종용, 홍경천, 마른 고추, 생강, 마늘을 넣고 1시간 이상 삶는다.
3. 모든 채소는 5cm 길이로 잘라 준비한다.
4. 익은 자라를 건져 속에 있는 살과 껍질에 붙어 있는 젤리와 같은 살도 떼어내어 길이

로 채 썰어 준비하고 국물은 걸러 육수로 사용한다.
5. 전골냄비에 가운데 자라등껍질은 놓고 가장자리로 채소와 자라살을 가지런히 올려 놓고 육수를 붓는다.
6. 약한 불에 서서히 끓이다가 채소가 익으면 간을 하여 완성한다.

배합원리

자라는 성질은 평하고 맛은 달며 간경, 신장경으로 작용한다. 자음작용이 강하고 신장의 음을 보하며 몸을 윤택하게 하고 노화예방에 효과가 있으며 육종용은 신장의 양기를 보하고 정혈에 유익하고 장을 윤택하게 하며 노화를 방지하는 효능이 있어 배합하였다. 홍경천 또한 신장의 기능을 원활하게 해주고 신진대사를 활발하게 하며 피로회복에 효과가 있으며 구기자는 정혈을 보하고 노화예방에 좋으며 대추는 약성을 완화시키고 비위를 보하며 기혈을 보하고 정신을 안정시키는 효능이 있다. 채소는 오장으로 들어가도록 배합하여 오장을 튼튼하게 하는 효능이 있으며 인체의 신진대사를 활발하게 한다.

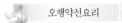

오장채약선

☛ 약선의 효능

혈지방을 낮추고 수액대사를 원활하게 하며 면역력을 증강시키고 인체의 노폐물을 배출시키며 혈관과 피부를 윤택하게 하고 갈증을 해소하는 효능이 있다. 따라서 현대 생활습관병이나 만성질환에 시달리는 사람에게 효과가 있으며 인체기능이 항진된 사람에게도 도움이 된다.

┃재료┃

● **식재료** : 연근 1개, 도라지 250g, 무 ½개, 미나리 300g, 흑목이버섯 30g
● **양념재료**
　연근샐러드 : 홍화 1g, 도인 10g, 호두 2개, 참깨 3큰술, 마요네즈 4큰술, 꿀 1작은술,
　　　　　　　물 2큰술, 화이트와인 1큰술
　도라지나물 : 백합 6g, 고추장 2큰술, 고춧가루 1작은술, 매실액 1큰술, 식초 2큰술,
　　　　　　　다진마늘 1작은술, 다진대파 1큰술, 소금 약간
　무나물 : 들깨가루 2큰술, 대파 ½개, 다진마늘 1작은술, 들기름 1큰술, 식용유, 소금후추
　미나리무침 : 구기자 6g, 맛술 1큰술, 식초 1큰술, 설탕 1큰술, 매실청 2큰술, 참기름 1작은술,
　　　　　　　다진마늘 1작은술, 다진대파 1큰술, 깨
　흑목이버섯볶음 : 구기자 10g, 양파 ¼개, 간장 1큰술, 굴소스 1큰술, 설탕 1작은술, 참기름 1큰술,
　　　　　　　깨 1큰술, 전분가루, 식용유, 소금, 후추

도라지　　구기자　　도인　　들깨가루　　무　　　미나리

연근　　목이버섯　　백합　　호두　　홍화

| 만드는 법 |

● 준비단계

1. 연근을 껍질을 벗기고 5mm 두께로 잘라 소금물에 데쳐 건져 놓는다.
2. 도라지는 껍질을 벗기고 먹기 좋은 크기로 잘라 식초, 소금물에 1시간 정도 담가 두었다가 데쳐서 건져 놓는다.
3. 무는 손질하여 채 썰어 준비한다.
4. 미나리는 깨끗이 씻어 소금과 식초를 넣은 물에 데쳐서 먹기 좋은 크기로 잘라 놓는다.
5. 흑목이버섯은 물에 불려 깨끗이 손질하여 준비한다.

● 요리

1. 견과류는 참깨와 함께 믹서기에 갈고 나머지는 잘 섞어 드레싱을 만들어 연근에 얹어낸다.
2. 도라지에 양념재료를 모두 넣고 양념장을 만들어 무쳐낸다.
3. 무는 팬에 식용유를 두르고 볶다가 마늘과 대파를 넣고 한 번 더 볶다가 다른 양념을 넣고 간을 하여 낸다.
4. 데친 미나리에 양념장을 버무려 낸다.
5. 팬에 식용유를 두르고 흑목이버섯을 넣고 양념재료를 순서대로 넣어가면서 볶는다.

| 배합원리 |

채소는 현대성인병 예방에 좋은 식품으로 색과 맛에 따라 그 작용이 조금씩 다른 특징이 있다. 연근은 홍화와 견과류를 넣어 심혈관질환에 좋게 하였으며 도라지나물은 폐기능을 잘 통하게 하여 기침, 가래, 천식에 좋고 무나물은 매운맛과 단맛이 있어 소화를 돕고 폐에 도움이 되며 미나리는 간으로 작용하여 혈압을 낮추고 해독작용을 돕는다. 목이버섯은 검정색으로 신장을 이롭게 한다.

심장약선요리

수삼연자밥

☞ 약선의 효능

심장의 기운이 약하여 두근거리고 무서움증이 자주 드는 사람들에게 좋은 약선으로 기력이 없고 노곤하며 몸이 가라앉은 느낌이 드는 사람들이나 부정맥이 있는 사람들에게 효과가 좋다. 그리고 기혈순환을 돕고 허약한 신체를 개선시키는 효능이 있다.

|재료|

● **식재료** : 쌀 400g
● **약재료** : 수삼 2뿌리, 울금가루 10g, 연자육 30g, 구기자 10g, 대추 10개, 구감초 6g

| 수삼 | 구감초 | 구기자 |

| 대추 | 연자 | 강황가루 | 쌀 |

| 만드는 법 |

1. 쌀은 씻어 불려 놓는다.
2. 수삼은 솔로 깨끗이 씻어 편으로 잘게 썰어 준비한다.
3. 연자육은 물에 불린다.
4. 대추씨는 빼고 대추육만 길게 썰어 준비한다.
5. 구기자와 구감초는 깨끗이 씻어 놓는다.
6. 준비된 재료를 모두 넣고 밥을 짓는다.

| 배합원리 |

수삼은 성질은 따뜻하고 맛은 달고 쓰며 폐, 비, 심장경으로 들어간다. 효능은 대보원기(大補元氣), 안심익지(安心益智), 보비익폐(補脾益肺), 생진(生津)작용이 있다. 연자는 정신을 안정시키고 심장, 비장, 신장을 튼튼하게 하는 효능이 있어 신약으로 배합하였다. 구감초는 부정맥에 효과가 있으며 울금은 혈액순환을 돕고 대추와 구기자는 심혈을 보한다.

귀비계탕

☛ 약선의 효능

몸이 허약하여 불면증이 심하고 가슴이 두근거리며 꿈이 많고 불안해하며 기억력이 떨어지는 사람이나 기운이 없고 얼굴색이 창백하며 식욕이 없고 사지가 무거우며 무기력한 사람에게 심장과 비장을 튼튼하게 하여 정신을 안정시키고 기혈을 보하는 약선이다.

▌재료▐

- **식재료** : 닭 1마리, 찹쌀 100g, 대파 1개, 소금, 후추
- **약재료** : 수삼 1뿌리, 황기 20g, 당귀 6g, 백출 10g, 구감초 3g, 산조인 10g,
  용안육 15g, 복신 10g, 생강 3편, 대추 5개, 목향 6g

닭　　　구감초　　당귀　　　목향　　　백출
수삼　　　복신　　　용안육　　황기
산조인　　대추　　　생강　　　찹쌀

만드는 법

1. 닭은 내장을 제거하고 깨끗이 씻어 준비한다.

2. 약재는 깨끗이 씻어 준비한다.

3. 닭 속에 찹쌀과 수삼, 대추, 용안육을 넣고 나머지 약재를 넣은 보자기와 함께 솥에 넣고 끓인다.

4. 닭이 익으면 소금으로 간을 하여 완성한다.

배합원리

황기는 성질이 평하고 맛이 달며 보비익기작용이 있으며 용안육은 따뜻하고 달며 비장의 기운을 보하면서 심장의 혈을 보하므로 황기와 함께 군약에 해당한다. 수삼과 백출은 따뜻하고 달며 기를 보하고 황기와 배합하여 보비익기작용이 강해진다. 당귀는 따뜻하고 달고 매우며 영혈을 자양하고 용안육과 배합하여 보심양혈작용이 강해 모두 신약에 해당한다. 복신과 산조인은 영심안신(寧心安神)작용이 있으며 목향은 기운을 조절하고 비장의 활동을 활발하게 하므로 보기양혈약과 배합하면 보하면서 위장의 방해가 없고 보하면서 정체되지 않는다. 따라서 좌약에 해당한다. 구감초는 보기건비작용과 여러 가지 약이 조화되도록 하므로 사약에 해당한다. 생강과 대추는 비위를 조화롭게 하여 기혈이 잘 생화되도록 돕는다. 이 방제는 심장과 비장을 동시에 보하고 기혈도 동시에 보하지만 기를 보하여 혈을 만드는 방식이다.

원추리나물

약선의 효능

혈액을 보하고 간의 기운을 안정시키며 습열을 제거하고 소변을 잘 통하게 하며 가슴을 넓혀주는 효능이 있다. 따라서 가슴이 자주 두근거리거나 어지럽고 번열이 있으며 소변색이 붉고 수종이 있는 사람들이나 젖이 잘 나오지 않는 산모들에게 좋은 약선이다. 고혈압 환자나 임산부, 산모, 생리불순, 체력이 허약한 사람들에게 특히 좋다.

재료

- **식재료** : 원추리 200g
- **약재료** : 미삼 10g, 백합 10g
- **양념재료** : 고추장 1큰술, 매실청 2큰술, 통깨 1큰술, 참기름 1큰술,
  다진마늘 ½큰술, 다진파 1큰술

원추리

미삼

백합

| 만드는 법 |

1. 끓는 물에 소금을 넣고 깨끗이 다듬은 원추리를 넣고 10분 정도 삶은 후 1시간 정도를 찬물에 담가 둔다. (독성 제거)
2. 물기를 짜내고 먹기 좋은 길이로 잘라 준비한다.
3. 양념재료는 위의 분량대로 넣고 잘 섞어준다.
4. 백합은 물에 불리고 미삼을 깨끗이 씻어 놓는다.
5. 원추리나물에 백합과 미삼을 섞고 양념재료를 넣고 무쳐준다.

| 배합원리 |

원추리는 성질은 평하고 맛은 달며 심장경, 간경으로 들어간다. 가슴이 두근거리는 증상을 개선하고 가슴이 답답한 증상을 개선하며 두뇌를 튼튼하게 한다. 또한 어지럼증이나 수종을 치료하고 산모의 젖을 잘 나오게 한다. 미삼은 기운을 만들어주며 정신을 안정시키고 지력을 증진시킨다. 백합은 심경으로 들어가 정신을 안정시키고 불면증이나 꿈을 많이 꾸는 증상을 개선한다. 대파는 가슴의 양기를 잘 통하게 한다.

연와은이배숙

☞ 약선의 효능

폐를 윤택하게 하고 가래를 제거하며 기침을 멈추게 하는 효능이 있는 약선으로 피부가 건조하고 마른기침을 하는 사람에게 효과가 있으며 폐결핵으로 인한 각혈 등의 증상을 개선한다. 또한 기운이 부족하고 체질이 허약하며 설사를 오래하거나 허열이 올라오고 음식을 잘 먹지 못하는 사람에게도 좋은 약선이며 숙취해소에도 도움이 된다.

|재료|

● **식재료** : 배 2개, 꿀 2큰술, 은이버섯 10g, 연와(제비집) 10g
● **약재료** : 지구자 30g, 구기자 5g

배　　　구기자　　　지구자　　　꿀

연와　　　은이버섯

| 만드는 법 |

1. 제비집, 구기자, 은이버섯은 미지근한 물에 불려 깨끗이 씻어 준비한다.

2. 배는 껍질을 벗기고 적당한 크기로 자른다.

3. 지구자는 깨끗이 씻어 준비한다.

4. 냄비에 물을 넣고 배와 지구자를 약한 불에서 1시간 정도 끓인다.

5. ❹에 은이버싯, 구기자, 연와를 넣고 조금 더 끓인 후 불을 끄고 꿀을 넣어 완성한다.

| 배합원리 |

연와는 성질은 평하고 맛은 달며 심장, 폐, 신장경으로 들어간다. 몸을 윤택하게 하고 보중익기작용이 있으며 가래를 없애고 기침을 멈추게 하며 허약한 체질을 보하는 작용이 있다. 배는 열을 내리고 진액을 만들어 주며 가래를 삭이고 숙취해소작용이 있다. 지구자는 주정을 분해하고 수액대사를 활발하게 하고 수종을 치료한다. 꿀은 비장을 윤택하게 하고 해독작용이 있으며 허약한 체질을 보하고 폐를 윤택하게 하며 기침을 멈추게 한다. 은이버섯은 폐와 신장을 윤택하게 하는 효능이 있어 배합하였다.

잔대잎나물

약선의 효능

진액을 만들어 주고 폐나 위를 윤택하게 하는 약선으로 폐음부족으로 인해 인후가 마르고 마른기침을 하거나 각혈이 있는 사람에게 적합하며 폐열로 인해 가래의 색이 노랗고 끈적이며 적게 나오는 사람이나 각혈이 있는 사람에게 효과가 있으며 해수천식이 있는 사람에게 적합하다. 또한 위음부족으로 인해 침이 마르고 인후가 건조하며 소화가 잘되지 않으며 변비가 있는 사람에게도 좋은 약선이다.

|재료|

- **식재료** : 잔대잎 300g, 배 ½개, 소금, 참기름, 다진마늘, 참깨 적당량
- **약재료** : 행인 10개, 패모 10개

배

패모

행인

잔대잎

| 만드는 법 |

1. 잔대잎은 깨끗이 씻어 다듬어 살짝 데친다.
2. 배는 껍질을 벗기고 채 썰어 놓는다.
3. 행인과 패모는 잘게 다져 놓는다.
4. 위의 재료를 모두 넣고 무쳐낸다.

| 배합원리 |

잔대잎은 성질은 약간 차고 맛은 쓰고 달며 폐경으로 들어간다. 폐음과 위음을 보하는 작용이 있으며 폐음부족으로 인한 마른기침과 각혈을 치료하고 위음부족으로 인한 제반증상을 개선시키는 효능이 있으며 배는 폐를 윤택하게 하고 기침을 멈추게 하는 효능이 있어 배합하였다. 행인과 패모는 강기거담(降氣祛痰)작용이 있어 해수천식을 치료하고 소화를 도우며 풍열감기에 효과가 있다.

백합셀러리호두볶음

☛ 약선의 효능

폐를 윤택하게 하고 기침, 천식을 멈추게 하며 심장을 안정시키는 효능이 있다. 또한 간 기운을 잘 소통시키고 위를 편하게 하며, 고혈압으로 인해 머리가 어지럽고 두통이 있 으며 얼굴이 붉어지고 눈이 자주 충혈되는 사람에게 적합하다. 음이 허약하여 허열이 있는 사람이나 폐음부족으로 마른기침을 하는 사람에게도 효과가 있으며 천식에도 좋 은 약선이다. 또한 신음허로 인하여 허리가 아프고 다리에 힘이 없으며 자주 놀래는 증 상이 있는 사람에게도 좋은 약선이다.

|재료|

- **식재료** : 셀러리 1단, 대파, 생강즙, 설탕, 소금, 식용유, 물전분 적당량
- **약재료** : 백합 50g, 호두 80g

백합

호두

셀러리

┃만드는 법┃

1. 셀러리는 껍질은 벗기고 적당한 크기로 자른다.
2. 호두와 백합은 잘 씻어 준비한다.
3. 팬에 기름을 두르고 호두, 셀러리, 백합을 넣고 함께 볶아준다.
4. 셀러리가 익으면 설탕, 소금, 물전분을 약간 넣고 완성한다.

┃배합원리┃

셀러리는 성질은 시원하고 맛은 달고 매우며 약간 쓰다. 간, 위, 폐경으로 들어가며 효능은 청열(淸熱), 평간(平肝), 이수(利水), 지혈(止血), 해독(解毒)작용이 있으며 간에 열이 있어 머리가 어지럽거나 얼굴이 붉고 눈이 자주 충혈되는 사람에게 적합한 식품이다. 백합은 양음윤폐(養陰潤肺), 청심안신(淸心安神)작용이 있으며 각혈이나 마른기침에 좋고 심계(心悸), 불면증(失眠)이 있을 때 정신을 안정시킨다. 호두는 보신고정(補腎固精), 온폐정천(溫肺定喘), 익기양혈(益气养血), 보뇌익지(補腦益智), 윤장통변(潤腸通便)이며 폐신양허(肺腎兩虛)로 인한 오래된 기침이나 노년만성기관지염에 좋고 신장이 허하여 소변이 자주 나오고 양위(阳痿), 유정(遺精), 요슬산통(腰膝酸痛) 등에 좋으며 어린이들의 지능을 발달시켜 기억력을 향상시키고 변비를 해소하고 여성들의 피부미용에 효과가 있다.

비장약선요리

사군자계탕

☞ 약선의 효능

비장을 튼튼하게 하고 기운을 만들어주는 약선으로 얼굴색이 누렇고 목소리에 기운이 없으며 식욕이 없는 사람에게 좋다. 또한 사지가 무력하고 배가 더부룩하며 변이 묽게 나오는 증상에 효과가 있으며 기력이 떨어지는 증상에 도움이 되는 약선이다.

▮재료▮

- **식재료** : 닭 1마리, 찹쌀 50g, 청경채 2개, 대파, 요리술, 소금 적당량
- **약재료** : 황기 1뿌리, 산약 10g, 백출 10g, 복령 10g, 구감초 6g, 생강 10g, 육계 6g, 대추 5개

▌만드는 법 ▌

1. 닭을 깨끗이 씻어 손질한 후 뱃속에 불린 쌀과 약재료를 넣는다.
2. 청경채는 깨끗이 씻어 소금을 넣은 물에 잠깐 데친다.
3. 솥에 약재를 넣은 닭을 넣고 요리술과 물을 적당히 부어 삶는다.
4. 닭이 완전히 익으면 청경채와 대파를 넣어 완성한다.

▌배합원리 ▌

닭고기는 성질은 따뜻하고 맛은 달며 비위경으로 들어가 기운을 보하는 작용이 강한 식품으로 주재료로 사용하였으며 황기는 비장의 운화기능을 튼튼하게 하며 기운을 보하는 대표적인 식품으로 닭과 배합하였다. 백출과 복령은 비장을 튼튼하게 하면서 탁한 습을 제거하여 비장의 운화기능을 강화시키는 효능이 있으며 산약은 비위를 튼튼하게 하고 기운을 보한다. 구감초는 중초를 조절하고 대추는 약성을 완화시키며 생강과 육계는 중초를 따뜻하게 하는 효능이 있어 배합하였다.

마복바지락칼국수

☛ 약선의 효능

후천지본인 비위를 튼튼하게 하여 오장을 보하고 수액대사를 활발하게 하는 약선으로 비위가 허약하여 구역질을 자주 하는 사람이나 소변이 잘 통하지 않으며 가슴이 두근 거리고 불면증이 있는 사람에게 적합하다. 또한 몸이 자주 붓거나 부인들의 히스테리 증상이나 번열에 효과가 있으며 현대성인병이나 심혈관질환에 도움이 되며 어린이의 성 장 발육을 돕고 노인의 노화를 예방하는 등의 효과가 있다.

|재료|

- **식재료** : 바지락 1kg, 밀가루 300g, 애호박 1개, 감자 1개, 다시마 1장, 표고버섯 1개,
  대파 1뿌리, 마늘, 생강, 소금, 요리술, 후추
- **약재료** : 복령가루 30g, 산약가루 30g, 대추 6개, 감초 3g

감자 감초 대추 마가루 복령가루

바지락 애호박 표고버섯 밀가루

만드는 법

1. 밀가루에 복령가루와 산약가루를 넣고 반죽을 하여 칼국수를 만들어 끓는 물에 살짝 데쳐낸다.
2. 바지락은 해감하여 깨끗이 씻어 준비한다.
3. 대추, 감초, 다시마, 생강, 마늘, 대파를 넣고 육수를 만든다.
4. 육수에 호박, 감자, 표고버섯을 채 썰어 넣고 바지락과 칼국수를 넣어 끓여낸다.
5. 기호에 따라 양념장으로 간을 하여 먹는다.

배합원리

밀가루는 성질은 시원하고 맛은 달며 심장경, 비장경, 신장경으로 들어간다. 허약한 체질을 보하고 심장과 신장의 열을 제거하고 갈증을 해소하며 소변을 잘 나오게 한다. 따라서 심신이 허약하여 꿈이 많고 불면증이 있는 사람들에게 효과가 있다. 복령은 비장을 보하면서 습을 제거하며 정신을 안정시키는 효능이 있어 배합하였으며 산약가루를 넣어 비장과 신장의 정을 보한다. 감자는 비위를 튼튼하게 하고 편하게 하는 효능이 있으며 애호박은 소화를 돕고 이뇨작용이 있으며 각종 성인병에 도움이 된다. 바지락은 열을 내리고 자음, 이수, 화담, 해독작용이 있으며 감초와 대추를 배합하면 히스테리증상을 완화시키는 효과가 있다.

산약샐러드

☞ 약선의 효능

비위를 튼튼하게 하고 폐와 신장의 기능을 보하며 삼초를 잘 통하게 하고 기운과 음을
보하는 약선으로 소화기가 허약한 사람이나 설사를 자주하고 권태감을 느끼며 식욕이
없는 사람들에게 적합하다. 또한 현대성인병 예방에 효과가 있으며 대변이 묽고 피로하
며 만성기관지천식이나 야간에 소변을 자주 보는 사람에게 효과가 있으며 현대연구에
의하면 혈관을 확장시켜 혈액순환에 도움이 되는 약선이다.

▌재료▐

- **식재료** : 양상추 50g, 파프리카(홍, 황색) 각 ¼개, 오이 ½개, 적채 10g, 방울토마토 1개, 양파 10g
- **약재료** : 산약(생마) 100g, 당귀잎 20g, 겨자잎 10g
- **드레싱재료** : 키위 1개, 플레인요쿠르트 1개, 설탕 30g, 꿀 50ml, 식초 10ml, 소금 2g

당귀잎

겨자잎

양상추

적채

산약

파프리카(홍색)

파프리카(황색)

양파

오이

▌만드는 법 ▌

1. 양상추는 깨끗이 씻어 손으로 먹기 좋은 크기로 찢는다.

2. 파프리카, 오이, 적채, 양파는 가늘게 슬라이스한다.

3. 산약은 껍질을 벗기고 썰어 끓는 물에 넣어 살짝 데친다.

4. 당귀잎과 겨자잎은 연한잎을 골라 깨끗하게 씻어 놓는다.

5. 방울토마토는 깨끗이 씻어 놓는다.

6. 드레싱은 부재료를 모두 넣고 믹서에 갈아 준비한다.

7. 양상추와 다른 재료를 샐러드 그릇에 예쁘게 담고 드레싱을 끼얹어낸다.

▌배합원리 ▌

산약은 성질은 평하고 맛은 달다. 비장경, 폐경, 신장경으로 들어가며 일체 허약한 증상에 효과가 있으며 현대성인병 예방에 효과가 크다. 양상추는 성질이 차고 맛은 달고 쓰며 고혈압, 동맥경화, 당뇨, 암, 비만 등에 적합하다. 또한 일반적으로 신선한 채소들은 양상추와 같은 효능이 있어 골고루 배합하여 산약과 함께 섭취함으로써 현대성인병 예방에 탁월한 효능을 발휘한다.

간약선요리

해동피치자밥

☛ 약선의 효능

가슴의 번열을 내리고 습열을 제거하며 혈액을 식히고 지혈작용이 있는 약선으로 눈이 자주 충혈되고 열이 많이 나며 입안이 헐고 출혈이 있는 사람에게 적합하다. 또한 간담 습열로 인한 황달에 효과가 있고 고혈압이나 심장이 답답하고 소변이 적색이며 통증이 있는 사람에게도 좋다.

|재료|

● **식재료** : 쌀 400g, 율무 50g
● **약재료** : 치자 5개, 해동피 100g

쌀

율무

치자

해동피

| 만드는 법 |

1. 쌀을 깨끗이 씻어 준비하고 율무는 물에 불려 한 번 삶아 준비한다.
2. 해동피는 물에 끓여 약물을 만든다.
3. 치자는 잘게 부셔서 물에 담가 치자물을 우려낸다.
4. 쌀에 율무와 해동피약물, 치자물을 넣고 밥을 한다.

| 배합원리 |

치자는 쓰고 찬 성질을 가지고 있는 약재로 습열을 내리고 심장, 폐, 삼초의 열을 내리고 방광의 습열을 치료한다. 해동피는 엄나무껍질로 간경으로 들어가며 풍습을 제거하고 경락을 잘 통하게 하고 소염작용이 있으며 간기능을 강화시켜주는 효과가 있다. 율무는 습을 제거하고 비장을 튼튼하게 하며 열을 내리고 농을 배출시키는 효능이 있어 습열이 있는 사람에게 도움이 된다.

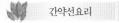

천마콩나물아구찜

🌸 약선의 효능

간기능을 안정시키고 풍을 잠재우는 효능과 자음작용이 있으며 간양상항으로 인한 편
두통이나 어지러움, 사지마비감 등 중풍전조증이 있는 사람이나 중풍후유증으로 인한
구안와사, 반신불수, 사지경련 등이 있는 환자들에게 도움이 되는 약선이다. 또한 숙취
해소작용이 있고 관절을 부드럽게 하고 피부미용에도 좋으며 몸이 건조하고 윤기가 없
는 나이 드신 어르신들에게도 적합하다.

▎재료▎

- **식재료** : 아구 1마리, 미더덕 200g, 콩나물 500g, 미나리 200g, 양파 1개, 대파 1대, 고추 3개,
  전분가루, 깨, 참기름
- **약재료** : 천마 20g, 홍화 3g, 도인 10g
- **양념재료** : 고추장 1큰술, 고춧가루 2큰술, 간장 1큰술, 설탕 1큰술, 올리고당 1큰술, 참치액젓 1큰술,
  굴소스 1작은술, 다진마늘 1큰술, 다진생강 1작은술, 찹쌀가루, 콩가루, 들깨가루

아구   콩나물   미더덕   도인   홍화

천마   미나리

❙ 만드는 법 ❙

1. 아구는 깨끗이 손질하여 적당한 크기로 잘라 소금과 정종과 레몬을 뿌려 놓는다.
2. 콩나물은 끓는 물에 데쳐서 찬물에 식혀서 건 저 놓는다.
3. 미더덕은 깨끗이 씻어 준비한다.
4. 미나리와 대파는 잎을 정리하고 5cm 정도의 크기로 자른다.
5. 양파는 채 썰어 준비하고 천마는 물에 불려 얇 게 채 썰어 놓는다.
6. 홍화는 깨끗이 씻어 놓고 도인은 잘게 부서 준

비한다.
7. 끓는 물에 소금과 생강을 약간 넣고 아구를 넣 고 데친다.
8. 양념장을 위의 분량대로 잘 섞어 콩나물과 아 구 데친 물을 넣어 걸쭉하게 만들어 놓는다.
9. 냄비에 기름을 두르고 양파를 넣고 볶다가 양념 을 넣고 아구와 콩나물을 넣어 볶으면서 잘 섞는다.
10. 위의 재료가 잘 섞이면 미나리, 대파, 고추, 약재 료를 넣고 전분물로 농도를 맞춘다.
11. 마지막에 깨와 참기름을 약간 넣어주고 완성한다.

❙ 배합원리 ❙

아귀는 동양의학적인 관점에서는 복어와 비슷하여 간기능에 도움이 되고 근골을 튼튼하게 하며 비장을 튼튼 하게 하는 효능이 있다. 영양학적으로 보면 고단백 저칼로리 식품으로 비타민이나 타우린 등 현대인들에게 필 요한 좋은 영양소를 갖고 있다. 콜라겐이 풍부하여 피부를 탄력있게 하고 인, 철분 등은 빈혈에 도움이 되고 콜레스테롤을 낮춰 고혈압이나 혈액순환을 돕는다. 그 밖에 뼈 건강이나 면역력 증강 등의 효능이 있어 체력 이 허약해진 어르신들에게 적합한 식품이다. 여기에 간기를 잘 소통시키고 간양을 안정시키며 간풍을 잠재우 는 효능이 있는 천마와 혈액순환을 돕고 어혈을 풀어주는 홍화, 도인을 넣고 중풍전조증이나 후유증이 있는 사람들에게 적합할 수 있도록 배합하였다. 콩나물 또한 수액대사를 활발하게 하고 노폐물을 제거해 주는 효 능이 있으며 미나리는 간기능을 개선하는 효능이 있다.

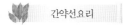

다슬기돌미나리무침

👉 약선의 효능

간열을 내려 간기능을 향상시키고 숙취해소에 좋은 약선으로 고혈압이나 황달에 효과
가 있으며 중금속을 배출시키는 효능이 있고 이뇨작용과 지혈작용이 있다. 따라서 코
피가 자주 나는 사람이나 하혈에 도움이 되고 눈이 충혈되는 사람에게 좋다. 그리고 혈
관질환을 예방하는 효과도 있다.

| 재료 |

- **식재료** : 미나리 1kg, 다슬기 300g, 청고추 2개, 홍고추 1개, 양파 ½개
- **약재료** : 구기자 5g
- **양념재료** : 고추장 3큰술, 된장 1큰술, 올리고당 2큰술, 사과 30g, 배 30g, 고춧가루 2큰술,
  매실청 2큰술, 식초 2큰술, 참기름 1큰술, 다진마늘 1큰술

청고추   다슬기   구기자   양파

홍고추   미나리

┃만드는 법┃

1. 다슬기는 깨끗이 손질하여 알맹이를 꺼내 준비한다.
2. 미나리는 손질하여 소금을 넣은 물에 데쳐 놓는다.
3. 고추는 어슷하게 썰고 양파는 채 썬다.
4. 구기자는 물에 불려 놓는다.
5. 양념은 다른 그릇에 골고루 섞어 만든다.
6. 위의 재료를 합하여 무친다.

┃배합원리┃

미나리는 성질은 차고 맛은 달며 맵다. 간열을 내리고 숙취해소에 좋으며 이뇨작용과 지혈, 해독작용이 있다. 다슬기는 간기능을 향상시키고 숙취해소에 좋으며 빈혈을 예방하고 혈관질환에 도움이 된다. 구기자는 간과 신장을 보하고 양파는 혈액순환을 향상시키며 혈관을 튼튼하게 한다.

신장약선요리

오리산약죽

☛ 약선의 효능

자음작용이 있으며 수액대사를 활발하게 하고 비장과 폐, 그리고 신장을 튼튼하게 하고 허약한 신체를 보하는 작용이 있다. 따라서 몸이 마르고 허약하면서 열이 많아 더위를 잘 먹고 몸에 부종이 자주 나타나는 사람에게 알맞은 약선이다. 또한 식은땀이나 도한(잠잘 때 땀이 나는 증상)이 있는 사람이나 부인들의 갱년기종합증에 효과가 좋다.

┃재료┃

● **식재료** : 오리 ½마리, 쌀 200g, 표고버섯 2개, 양파 ¼개, 생강 30g, 대파 1뿌리, 요리술 1큰술, 소금, 후추 약간

● **약재료** : 산약(생마) 150g, 황기 30g, 의이인(율무) 30g, 옥죽(둥글레) 20g, 대추 5개

오리 · 옥죽 · 생강 · 의이인 · 양파 · 대추 · 쌀 · 황기 · 대파 · 산약 · 표고버섯

만드는 법

1. 오리는 먹기 좋은 크기로 토막을 내어 생강과 요리술을 넣어 재워둔다.
2. 재워둔 오리에 황기와 옥죽을 넣고 1시간 정도 끓여 육수를 내고 살은 발라둔다.
3. 쌀과 의이인은 깨끗이 씻어 물에 불리고 산약은 껍질을 벗기고 사각으로 잘게 썰어 준비한다.
4. 양파와 대파는 잘게 썰어 준비한다.
5. 팬에 양파를 넣고 볶다가 쌀, 의이인을 넣고 한 번 더 볶은 후 산약, 대추와 육수를 넣고 죽을
   끓인다.
6. 죽이 완성되면 오리살과 대파를 넣고 간장과 후추로 간을 한다.

배합원리

오리는 성질이 차고 맛은 짜고 달며 폐경, 비장경, 신장경, 위경으로 들어간다. 자음작용이 강하고
위를 튼튼하게 하며 수액대사를 활발하게 하는 효능이 있다. 산약은 오리와 배합하면 서로 상승작
용을 하며 자양강장작용과 비장을 튼튼하게 하고 위를 편하게 한다. 황기는 기운을 만들어 주고
수액대사를 도우며 옥죽은 자음작용을 돕고 대추는 중초를 보하고 위를 편하게 하며 약성을 부드
럽게 한다. 의이인은 비장을 튼튼하게 하고 습을 제거하는 효능이 있어 배합하였다.

충초숙주잡채

☛ 약선의 효능

몸이 허약하고 음이 부족하여 가끔 허열이 올라오거나 도한이 있는 사람, 또는 가슴이
답답한 번열이 있는 사람에게 적합하고 폐와 신장이 약하여 마른기침을 하거나 천식이
있는 사람에게 좋은 약선이다. 특히 몸이 마른 사람들이나 노인성만성질환이 있는 사람
에게 효과가 있다.

┃재료┃

- **식재료** : 당면 250g, 돼지고기(잡채용) 250g, 숙주나물 300g, 당근 ⅔개, 양파 1개,
  표고버섯 6개, 실파, 소금, 후추
- **약재료** : 생지황 1뿌리, 충초 20g, 구기자 5g, 목이버섯 5g, 은이버섯 5g
- **양념재료** : 간장, 설탕, 청주, 소금, 참기름, 깨소금, 후추, 다진마늘

충초　　생지황　　목이버섯　　당근　　양파
돼지고기　　구기자　　표고버섯
숙주　　은이버섯　　당면

▮만드는 법▮

1. 돼지고기를 길게 썰어 간장 2큰술, 설탕 1큰술, 청주 1큰술, 다진마늘 ½큰술, 후추, 참기름으로 양념을 한다.
2. 표고버섯은 채 썰어 끓는 물에 살짝 데쳐 물기를 제거하여 준비한다.
3. 목이버섯과 은이버섯, 구기자는 물에 불려 깨끗하게 준비한다.
4. 물기를 뺀 표고버섯에 간장 1큰술, 설탕 1작은술, 다진마늘 1작은술, 참기름 약간을 넣고 무쳐 놓았다가 볶는다.
5. 숙주는 깨끗이 씻어 팬에 올리브오일을 두르고 다진마늘을 조금 넣고 볶는다. 숙주가 적당히 숨이 죽으면 실파를 조금 넣고 간장 1큰술, 소금 약간 넣고 볶다가 참기름을 넣어 마무리한다.

6. 양념한 돼지고기와 양파, 당근은 채 썰어 팬에 볶아 놓는다.
7. 생지황은 가늘게 채 썰어 물에 담가 놓았다가 건져 청주를 약간 뿌려 놓는다.
8. 충초는 깨끗이 씻어 팬에 살짝 볶아 놓는다.
9. 당면은 끓는 물에 8분 정도 삶아 찬물에 식힌 후 건져 놓는다.
10. 기름을 두른 팬에 당면을 넣고 간장 5큰술, 설탕 2큰술, 참기름 ½큰술, 후추를 약간 넣고 조물조물 무쳐서 간장색이 베이도록 달달 볶는다.
11. 볶은 당면에 숙주나물을 제외한 모든 볶은 재료를 한데 담고 간장 3큰술, 설탕 2큰술 넣고 조물조물 무쳐서 식도록 찬 곳에 내어 놓는다.
12. 당면과 볶은 재료들이 식으면 숙주나물과 구기자, 참기름, 깨소금, 후추를 넣고 무쳐준다.

▮배합원리▮

충초는 폐와 신장을 보하는 약재로 기침과 천식을 치료하고 신장을 튼튼하게 하는 효능이 있으며 돼지고기와 생지황은 허열을 내리고 보음작용이 강한 약재로 부인병에 효과가 있고 신체가 허약한 노인에게 효과가 좋다. 구기자는 보기보혈작용이 있으며 숙주나물은 돼지고기의 기름기를 중화시키며 열을 내리고 해독하는 효능이 있다.

동충하초연와수프

☞ 약선의 효능

우리 몸의 음을 보하고 인체를 윤택하게 하며 허약한 체질을 개선하고 노화예방에 도
움이 되는 약선으로 피부를 윤택하게 하는 효능이 있으며 가래가 있는 기침이나 천식에
효과가 있다. 또한 각혈이나 오래된 설사에도 도움이 된다. 예로부터 허약한 체질개선이
나 장수를 목적으로 애용되어 왔다.

|재료|

- **식재료** : 연와(제비집) 20g, 게살 50g, 단호박 50g, 닭육수 5컵, 전분물 5큰술
- **약재료** : 동충하초, 황기 30g, 홍화 1g, 구기자 5g

연와   동충하초   구기자   황기   게살   단호박   홍화

▌만드는 법

1. 제비집은 뜨거운 물에 담가 풀어지면 이물질을 제거하여 준비한다.

2. 게살은 길고 가늘게 찢어 준비한다.

3. 닭뼈에 황기와 홍화를 넣고 육수를 만든다.

4. 단호박을 찜솥에 쪄서 곱게 갈아 준비한다.

5. 갈아 준비한 단호박에 육수를 넣고 끓인다.

6. 단호박육수에 제비집과 게살, 구기자를 넣어 한 번 끓으면 전분물로 농도를 맞춘다.

▌배합원리

연와(제비집)는 성질은 평하고 맛을 달며 폐, 위, 신장경으로 들어간다. 효능은 양음, 보익, 윤조, 익기작용이 있으며 노인성천식이나 각혈, 토혈, 설사, 구토 등에 효과가 있고 허약한 체질을 개선한다. 황기는 기운을 만들어주고 홍화는 혈액을 맑게 하고 구기자는 허약한 체질을 개선하는 효과가 있어 배합하였다. 따라서 모든 허증을 개선하고 특히 노인성질환에 효과가 있는 약선이다.

변증약선
응용편

辨證

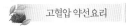
고혈압 약선요리

천마해삼홍합죽

☛ 약선의 효능

기와 혈, 신정(腎精)을 보하면서 혈압을 낮추는 약선으로 간과 신장이 허약하면서 혈압이 높은 사람에게 효과가 있다. 또한 자주 어지럽고 가끔 이명현상이 나타나며 머리가 비어있는 것 같은 느낌의 통증이 있고 시력이 흐리고 허리와 무릎이 시고 힘이 없는 고혈압 환자에게 적합하다.

┃재료┃

● **식재료** : 해삼 2마리, 홍합 20마리, 쌀 300g, 다진양파 3큰술, 마늘 50g, 생강 4편,
　　　　　　다시마육수 4컵, 소금, 후추
● **약재료** : 천마 50g, 구기자 20g, 산약(생마) 50g

홍합　　　　　건해삼　　　　　구기자　　　　　쌀

산약　　　　　　　　천마

만드는 법

1. 해삼과 홍합은 깨끗이 씻어 손질하여 준비한다.
2. 쌀은 불려 놓고 마늘은 껍질을 제거하고 편으로 썰어 놓는다.
3. 천마는 물에 불려 얇게 썰어 놓고 산약은 껍질을 제거하고 잘게 사각으로 잘라 준비한다.
4. 냄비에 참기름을 두르고 양파와 마늘을 볶다가 해산물을 넣고 와인을 뿌려 준다.
5. ❹에 쌀과 약재를 넣고 쌀이 투명해지면 다시마육수를 넣는다.
6. 죽이 완성되면 소금, 후추로 간을 한다.

배합원리

해삼은 성질은 따뜻하고 맛은 달고 짜며 심장, 신장, 비장, 폐경으로 들어간다. 신장을 보하고 정을 채워주고 양혈작용과 윤조작용이 있다. 홍합과 구기자는 간과 신장을 보하고 정혈을 채우며 신장의 양기를 돕는다. 천마는 간양이 위로 올라가는 것을 막아주고 풍을 가라앉게 하며 어지러운 증상을 개선하는 효능이 있으며 산약은 폐, 비, 신장의 기능을 강화시킨다.

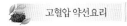

하고초연잎저육찜

☞ 약선의 효능

혈압을 낮추고 수액대사를 활발하게 하며 폐와 신장의 음을 보하고 위액을 충족시키며 간장의 음혈을 보하는 등 자음작용이 있는 약선으로 몸이 마르고 건조하면서 고혈압이 있는 사람에게 적합하다. 그리고 기혈을 보하며 피부를 윤택하게 하는 작용이 있으며 마른기침을 하거나 몸이 마르고 피부가 건조한 사람에게도 적합하다.

|재료|

- **식재료** : 돼지고기 600g, 월계수잎 1장, 된장 1큰술, 대파 2개, 생강 30g, 마늘 50g, 청주 약간
- **약재료** : 하고초 10g, 하엽 10g, 계피 6g, 산사 10g, 정향 2g, 통후추 2g, 팔각향 2개

돼지고기　　　계피　　　산사　　　연잎

정향　　　통후추　　　팔각　　　하고초

만드는 법

1. 돼지고기를 적당한 크기로 잘라 준비한다.
2. 고기 안쪽에 한약재와 향신료를 넣고 실로 묶는다.
3. 솥에 물을 넣고 된장을 약간 푼 다음 대파, 생강, 마늘, 청주를 넣고 돼지고기를 넣어 센 불에서 끓인다.
4. 물이 끓으면 불을 줄이고 약불에 서서히 익힌다.
5. 고기가 익으면 꺼내 한약재와 향신료를 제거하고 편으로 썰어 놓는다.

배합원리

돼지고기는 성질은 약간 차고 맛은 달고 짜며 비위경, 신장경으로 들어간다. 자음작용이 있으며 우리 몸을 윤택하게 하는 작용을 한다. 하고초는 혈압을 낮추는 작용이 강한 식품으로 배합하였으며 하엽과 함께 돼지고기의 느끼한 맛을 잡아주고 혈지방을 낮추는 효과가 있다. 산사는 돼지고기와 배합하여 소화가 잘 되도록 도와주며 혈액에 쌓이기 쉬운 혈지방을 제거하는 효능을 발휘한다. 정향, 후추, 팔각향은 향신료로 중초에 쌓여있는 습을 제거하여 몸속의 기의 흐름을 원활히 하여 소화흡수가 잘 되도록 하는 효능이 있다.

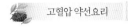
자하거아스파라거스패주볶음

🍠 약선의 효능

허약한 체질을 보하고 오장을 편하게 하며 과로나 오랜 병으로 체력이 허약해진 사람에게 좋은 약선이며 고혈압, 고지혈증, 동맥경화 등 현대 생활습관병이 있는 사람에게 적합하다.

|재료|

- **식재료** : 패주 300g, 아스파라거스 1묶음, 양파 ¼개, 당근 30g, 다진마늘 1작은술, 피시소스 2큰술, 코코넛밀크 3큰술, 화이트와인 2큰술, 소금, 후추
- **약재료** : 자하거분말 30g, 백합 10g, 구기자 10g

| 이스파라거스 | 구기자 | 백합 |

| 자하거분말 | 패주 | 당근 | 양파 |

만드는 법

1. 패주는 흰막을 걷어내고 깨끗이 손질하여 소금물에 씻어 얇게 썬다.
2. 아스파라거스는 깨끗이 씻어 적당한 크기로 토막을 내어 물에 데쳐 놓는다.
3. 구기자와 백합은 물에 불려 준비한다.
4. 팬에 식용유을 두르고 아스파라거스를 볶아 소금, 후추로 간을 하고 접시에 가지런히 담는다.
5. 아스파라거스를 꺼낸 팬에 양파와 마늘, 백합, 당근을 넣고 볶다가 패주를 넣고 와인을 뿌려 살짝 볶는다.
6. ❺에 자하거분말과 코코넛밀크, 피시소스로 간을 한 후 아스파라거스 위에 담아 완성한다.

배합원리

아스파라거스는 성질은 차고 맛은 달며 허약한 체질을 보하고 고혈압, 고지혈증, 동맥경화를 예방하고 기혈을 보하는 효능이 있으며 패주는 성질은 평하고 맛은 달고 짜다. 청보식품으로 자음, 보신작용이 있으며 중초를 편하게 하고 허약한 체질을 개선하는 효능이 있다. 자하거는 오장을 튼튼하게 하고 면역력을 증강시키며 기, 혈, 정을 보하는 효능이 탁월하다. 백합은 정신을 안정시키고 폐를 윤택하게 하며 보중익기작용이 있다. 구기자는 간과 신장을 보한다.

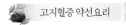 고지혈증 약선요리

백합곤드레밥

☞ 약선의 효능

현대인들의 식생활에 따라 발생하는 고혈압, 고지혈증, 고혈당 즉 현대성인병인 삼고(三高)병에 효과가 있고 각종 출혈성 질병에 효과가 있으며 황달이나 간염 등 간장질환에 효과가 있다. 또한 정신을 안정시키며 심장, 폐를 윤택하게 하고 신장의 정혈을 보하는 효능이 있다. 따라서 현대성인병이 있거나 부종이 있는 사람들에게 효과가 있으며 몸에 쌓여 있는 농약이나 중금속성분을 배출하고 칼로리가 낮아 다이어트식품으로 효과적이다.

|재료|

- **식재료** : 곤드레 300g, 쌀 300g
- **약재료** : 백합 30g, 구기자 10g, 대추 5개
- **양념재료** : 국간장 20ml, 양조간장 20ml, 다시마국물 20ml, 고춧가루 1작은술, 참기름 1작은술,
  통깨 1작은술, 청양고추 1개, 마늘 10g, 물엿 1작은술, 실파 1뿌리

곤드레   대추   쌀

구기자   백합

만드는 법

1. 쌀을 물에 불려 깨끗이 씻는다.
2. 곤드레는 손질하여 끓는 물에 삶아 건져 놓은 후에 먹기 좋은 크기로 썰어 놓는다.
3. 삶아 놓은 곤드레에 소금, 참기름, 통깨를 넣고 버무린다.
4. 대추는 씨를 제거하고 가늘게 채 썬다.
5. 곤드레를 솥 밑부분에 깔고 대추와 쌀을 위에 넣어 물을 붓고 밥을 짓는다.
6. 양념장에 비벼 먹는다.

배합원리

곤드레는 지혈, 소염, 해독, 소종, 해열작용이 있으며 부피가 많고 맛이 부드럽고 담백하며 향기가 강하고 씹기가 좋다. 따라서 쌀을 배합하여 밥을 함으로써 곤드레의 효과를 보면서 쌀의 섭취를 줄여 다이어트 효과가 있고 대추를 배합하여 곤드레의 약간 쓴맛을 제거했다. 백합을 배합하여 심폐를 윤택하게 하고 정신을 안정시키며 구기자를 배합하여 정혈을 보하므로 곤드레의 사하는 작용을 보하였으며 대추를 넣어 약성을 완화시켰다.

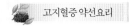

한방연포탕

🍲 약선의 효능

기혈을 보하고 새살을 잘 돋아나게 하는 효능이 있어 몸이 나른하고 힘이 없는 사람이나 영양불량자 혹은 수술 후 환자에게 좋다. 기혈이 부족하여 어지럼증이 생기고 피부 각질화가 심해지고 피부건조증이 있는 사람에게 효과가 있으며 이뇨작용과 기혈순환을 촉진시켜 혈압을 낮추고 갈증을 해소하며 오장을 윤택하게 한다.

┃재료┃

- **식재료** : 산낙지 3마리, 미나리 100g, 생마 150g, 표고버섯 3개, 속배추 1개, 무 300g, 박속 100g, 생강 2편, 마늘 5개, 다시마 3장, 마른고추 2개, 대파 ½개
- **약재료** : 태자삼 15g, 옥죽(둥글레) 10g, 대추 5개, 구기자 10g
- **지리소스(20인분)** : 간장 5큰술, 물 1컵, 마늘 3개, 양파 ⅛개, 레몬 ¼개, 식초 1큰술, 설탕 1큰술, 물엿 2큰술을 넣고 끓이다가 간이 맞으면 불을 끄고 식힌다.

| 낙지 | 박속 | 태자삼 | 옥죽 | 구기자 |
| 표고버섯 |

| 대추 | 생강 | 무 | 마 | 미나리 |

┃만드는 법┃

1. 전골냄비에 물을 붓고 약재와 무, 다시마를 넣고 30분 정도 끓인다. (다시마는 물이 끓으면 5분 이내에 건져낸다.)
2. ❶의 건더기는 건져내고 체에 걸러 맑은 육수를 만든다.

3. 육수에 미나리, 박속, 마늘, 생강, 배추, 생마를 넣고 한소끔 더 끓인다.
4. 산낙지를 넣고 낙지가 익으면 먹물이 터지지 않도록 하면서 다리와 몸통은 먼저 건져 지리소스나 초고추장에 찍어 먹고 머리는 더 끓여 익으면 손질하여 먹는다.

┃배합원리┃

낙지는 성질은 차고 맛은 달고 짜다. 기혈을 보하고 상처를 잘 아물게 하며 피부를 윤택하게 한다. 마는 비장, 폐, 신장을 튼튼하게 하고 허약한 체질을 개선시키는 효능이 있으며 대추는 비위를 튼튼하게 하고 정신을 안정시키는 효능이 있다. 태자삼은 비위를 튼튼하게 하고 폐를 윤택하게 하는 작용이 있으며 옥죽 또한 생진작용으로 폐와 위장을 윤택하게 하는 효능이 있다. 구기자는 정혈을 보하고 다시마는 탁한 습을 제거하고 맛을 높이는 작용을 한다. 생강은 찬 성질의 낙지가 소화가 잘되도록 돕는다. 마, 표고버섯, 옥죽, 태자삼, 대추, 구기자 등을 배합하여 허약한 체질을 튼튼하게 하면서 피부를 윤택하게 하는 효능을 더욱 강하게 하였다.

《补品补药与补益良方》

이시진은 《본초강목》에서 "민오(지금의 복건성) 사람들이 식초와 생강을 넣어 많이 먹는데 소금을 넣고 탕을 끓여 먹으면 맛이 좋다"라고 하였다.

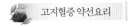

백합닭가슴살볶음

☛ **약선의 효능**

신경쇠약이나 정신불안으로 가슴이 답답하고 심계(心悸)나 실면(失眠)이 있거나 정신
이 불안한 사람에게 정신을 안정시키고 음허로 인한 허열로 어지러움증, 두통, 충혈에
좋고 폐를 윤택하게 하는 효능이 있어 마른기침 환자나 피부가 건조한 사람에게 좋은
약선이다.

|재료|

● **식재료** : 닭가슴살 300g, 오이 200g, 대파 20g, 달걀흰자 1개,
　　　　　　생강, 설탕, 소금, 전분, 요리술, 식용유
● **약재료** : 백합 100g, 구기자 10g

닭가슴살　　오이　　달걀

구기자　　백합　　대파

┃ 만드는 법 ┃

1. 백합은 깨끗이 씻어 한 장씩 떼어내고 오이는 손질하여 어슷썰어 놓는다.

2. 닭가슴살은 전분가루와 달걀흰자, 생강즙, 요리술, 소금 등을 넣어 옷을 입혀서 뜨거운 기름에
   튀겨낸다.

3. 오이와 백합은 뜨거운 물에 살짝 데친다.

4. 팬에 기름을 두르고 대파, 생강 다진 것을 넣고 볶다가 오이, 백합, 닭고기를 넣고 설탕과 소금
   으로 간을 한다.

┃ 배합원리 ┃

닭고기는 성질은 따뜻하고 맛은 달며 비경, 위경으로 들어간다. 중초를 따뜻하게 하고 기운을 만들
며 근골을 튼튼하게 하는 효능이 있다. 백합은 양음윤폐(養陰潤肺), 청심안신(淸心安神)작용이 있으
며 오이는 청열해독작용이 있으며 진액을 만들어 갈증을 해소하고 소변을 잘 통하게 하며 혈압과
혈지방을 낮추는 효능이 있다. 구기자는 신장을 보하고 정혈을 만들어 주는 효능이 있다.

당뇨병 약선요리

옥죽산약잡곡밥

🍵 약선의 효능

비위를 튼튼하게 하며 진액은 만들고 허열을 내리며 소갈증을 멈추게 하는 효능이 있어 당뇨가 있는 사람이나 몸이 비대하고 각종 현대성인병에 근접한 사람들의 식사로 적합하다.

|재료|

- **식재료** : 쌀 200g, 현미 100g, 조 100g, 수수 50g, 녹두 50g
- **약재료** : 산약(생마) 100g, 옥죽(둥글레) 50g

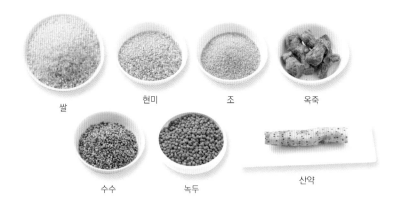

쌀   현미   조   옥죽

수수   녹두   산약

만드는 법

1. 산약은 껍질을 제거하고 잘게 썰어 식초물에 담가둔다.

2. 옥죽을 깨끗이 씻어 물에 넣고 30분 정도 끓여 약물을 만든다.

3. 쌀과 조, 수수는 30분 정도 물에 담가 불린 후 건져 놓는다.

4. 현미와 녹두는 3시간 이상 물에 불려 준비한다.

5. 솥에 산약과 잡곡을 넣고 옥죽 약물과 물을 알맞게 넣어 밥을 한다.

배합원리

옥죽은 위를 편하게 하고 자음생진작용이 있으며 특히 자음작용이 탁월하여 예부터 소갈증 치료제로 사용해왔다. 산약 또한 익기양음작용이 있으며 폐, 비, 신장을 튼튼하게 하는 효능이 있어 당뇨로 인해 몸이 마르면서 허열이 있어 갈증이 많이 나는 사람에게 유익하다. 잡곡밥은 백미밥에 비해 당분과 지질 흡수율을 낮추고 지연시키며 천천히 혈당을 올리기 때문에 당뇨가 있는 사람에게 유익하다.

팔진두부

☛ 약선의 효능

기혈이 모두 허하여 체력이 저하된 사람이나 당뇨, 비만, 고지혈증, 고혈압 등 현대생활
습관병에 효과가 있으며 허약한 체질개선에도 도움이 되는 약선이다. 특히 어린이들의
성장 발육이나 어르신들의 노화현상을 예방하고 기혈을 보충하며 신진대사를 활발하
게 하는 효능이 있다.

|재료|

● **식재료** : 두부 1모, 해삼 1마리, 조갯살 50g, 표고버섯 1개, 목이버섯 1개, 죽순 30g, 양파 ½개, 피망
½개, 고추 1개, 당근 20g, 생강, 마늘, 후추 적당량
● **약재료** : 구기자 10g, 귤피 10g, 공사인 1g

건해심	조갯살	목이버섯	두부	죽순
구기자	귤피	공사인	당근	양파
홍고추		피망	표고버섯	

▌만드는 법 ▌

1. 해삼은 물에 불려 적당한 크기로 자른다.

2. 죽순은 물에 데치고 나머지 야채는 모두 적당한 크기로 자른다.

3. 귤피는 칼로 노란부분만 얇게 떠 가늘게 채 썬다.

4. 달군 팬에 식용유를 넣고 다진마늘과 생강을 넣고 볶다가 해삼과 모든 재료를 넣고 볶는다.

5. ❹에 녹말물을 넣어 한소끔 끓이다가 농도가 될 때 후추를 넣고 간을 한다.

6. 두부를 물에 데쳐서 그릇에 담아 ❺를 위에 얹고 귤피 채 썬 것을 올린다.

▌배합원리 ▌

두부는 신체허약, 기혈양허, 영양불량인 사람에게 좋은 식품으로 혈지방을 낮추고 혈관경화나 당
뇨, 비만을 예방하며 기관지에도 효과가 있으며 산후 유즙분비가 적거나 청소년 발육에도 좋은 식
품이다. 해산물 또한 고단백식품으로 자음, 자양작용이 강하고 몸을 윤택하게 하며 현대성인병 예
방에 효과가 있다. 채소는 영양의 균형을 잡아주고 부족한 영양성분을 보충하는 역할을 하고 구기
자는 신장의 정혈을 돕고 귤피는 기혈순환을 조절하며 공사인은 소화를 돕는다.

여주참치샐러드

🤛 약선의 효능

양혈자간(養血滋肝)작용이 있으며 소화를 돕고 허열을 내리며 혈당을 조절하고 해독작용이 있다. 기혈순환을 활발하게 하고 당뇨, 고혈압, 고지혈증 등 현대성인병이 있는 사람이나 몸에 열이 많은 사람에게 적합한 약선이다. 또한 간과 신장을 보하고 두뇌발달과 노화예방에 도움이 되며 허약한 체질을 개선한다.

┃재료┃

- **식재료** : 여주 1개, 참치 1캔, 양파 ½개, 오이 1개, 파프리카(주황, 홍, 황색) 각 ½개씩,
  방울토마토 10개
- **드레싱** : 발사믹식초 3큰술, 올리브오일 2큰술, 꿀 2큰술, 레몬즙 1큰술, 소금 약간, 치즈가루 약간

여주 　　방울토마토 　　참치(캔) 　　양파

오이 　　파프리카(홍색) 　　파프리카(주황색) 　　파프리카(황색)

만드는 법

1. 여주는 반으로 잘라 씨를 제거하고 0.5cm 두께로 썰어 소금물에 담가둔다.
2. 양파와 파프리카는 슬라이스를 하고 오이는 반으로 잘라 어슷썰기를 한다.
3. 가지는 반으로 갈라 어슷썰기를 한다.
4. 끓는 물에 소금, 식초를 넣고 물에 담가둔 여주를 가볍게 데친 후 다시 찬물에 식혀 물기를 제거한다.
5. 오이는 소금에 절여 놓았다가 부드러워지면 물에 헹궈 물기를 제거한다.
6. 방울토마토는 깨끗이 씻어 얇게 썰어 접시에 둥그렇게 간다.
7. 나머지 재료를 섞어 접시에 담고 드레싱을 얹어낸다.

배합원리

여주는 성질이 차고 맛은 쓰며 심장경, 비장경, 폐경으로 들어간다. 심장의 열을 내리고 혈액을 식히며 더위를 예방하는 효능이 있으며 소화를 돕고 각종 현대성인병에 유익하게 작용한다. 참치는 간과 신장을 보하고 기혈을 만들며 허약한 체질을 돕고 현대성인병 예방에 효과가 있으며 두뇌발달과 노화예방에 도움이 된다. 오이, 양파, 파프리카는 소화를 돕고 혈액순환에 도움이 되며 성인병 예방에 좋은 식품이다.

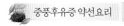 중풍후유증 약선요리

천마하수오밥

☞ 약선의 효능

간풍을 안정시키고 어지럼증과 두통을 개선시키며 허약해진 체력을 보하고 기혈을 보하고 혈액순환을 활발하게 하는 약선으로 중풍후유증으로 구안와사, 언어장애, 반신불수, 사지마비 등의 증상이 있는 사람들에게 적합하며 그 밖에 치매나 허증으로 오는 고혈압에도 효과가 있으며 특히 중풍전조증이 있는 사람들에게 예방효과가 있다.

|재료|

- **식재료** : 쌀 300g, 양파 ½개, 느타리버섯 50g, 검정콩 30g
- **약재료** : 천마 50g, 하수오 60g, 호두 5개, 홍화 3g

느타리버섯　　　쌀　　　호두　　　하수오

천마　　　양파　　　검정콩

홍화

▌만드는 법▐

1. 천마는 포제되어 있는 마른 것을 구입하여 물에 불려 얇게 썰어 준비한다.

2. 하수오는 물에 불려 잘게 썰고 검정콩은 깨끗이 씻어 함께 물에 불려 놓는다.

3. 양파는 잘게 썰고 호두도 적당한 크기로 잘라 준비한다.

4. 홍화는 깨끗이 씻어 놓고 느타리버섯은 세로로 찢어 놓는다.

5. 쌀은 물에 10분 정도 담가 불린다.

6. 솥에 쌀과 준비한 약재와 식재를 모두 넣고 밥을 한다.

▌배합원리▐

천마는 맛은 달고 성질은 평하며 간경으로 들어간다. 간풍을 안정시키고 어지럼증을 멈추게 하며 뇌혈류를 개선시키는 효능이 있다. 하수오는 간과 신장을 보하고 기혈을 만들며 허약해진 신체를 보하고 노화를 예방하는 효능이 있으며 호두는 신장과 폐를 보하고 건뇌익기작용과 기억력을 증강시키는 효능이 있어 중풍을 앓고 난 후 허약해진 체력을 보하며 간풍을 안정시키는 효과가 있다. 양파와 홍화는 혈액을 맑게 하고 혈액순환을 촉진시키고 검정콩은 신장을 보하고 하수오의 효능을 강화시키는 작용을 하며 버섯은 비위를 편하게 한다.

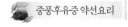

토마토카레

☛ 약선의 효능

혈액이 뭉쳐 어혈이 생기거나 담으로 인한 뇌경색 등의 뇌혈관질환에 효과가 있는 약선이다. 뭉친 것을 풀어주어 경락을 잘 통하게 하고, 혈액순환을 도우며 혈액을 맑게 해준다. 또한 뇌혈관의 혈액순환을 활발하게 해주어 치매예방에도 좋고, 여성들의 생리가 잘 통하도록 해주며 다쳐서 멍이 생겼을 때도 좋다. 소화를 돕고 피부보호에 효과가 있다.

|재료|

● **식재료** : 토마토 2개, 감자 2개, 새송이버섯 3개, 당근 1개, 소고기 200g, 피망 1개,
　　　　　양파 2개, 마늘 1통, 올리브오일, 고형카레 3개
● **약재료** : 홍화 10g, 도인 10g, 우슬 10g, 하고초 20g, 구기자 20g

감자　　　소고기　　　당근　　　피망　　　고형카레

새송이버섯　　　구기자　　　하고초　　　양파

우슬　　　홍화　　　도인　　　토마토

만드는 법

1. 채소들은 손질하여 먹기 좋은 크기로 썰고 고기는 사각으로 썰어 밑간을 해둔다.
2. 토마토는 십자 칼집을 내고 삶아낸 뒤 껍질을 벗겨 잘게 썰어 놓는다.
3. 끓는 물에 하고초, 우슬, 홍화, 도인을 넣고 약물을 만든다.
4. 냄비에 올리브오일을 두르고 채소를 익는 순서대로 넣어가며 볶는다.
5. ❹에 물과 약물을 넣고 한소끔 끓어오르면 토마토를 넣고 한번 더 끓인다.
6. 감자가 반쯤 익었을 때 카레와 구기자를 넣고 농도를 맞춘다.

배합원리

토마토는 성질이 약간 차고 맛은 달고 시며 간경, 비경, 위경으로 들어간다. 혈액을 맑게 하고 진액을 만들어주며 소화를 돕고 혈관질환에 유익하다. 여기에 홍화와 도인을 더해 어혈을 풀어주고 혈액순환이 잘 되도록 하였으며, 하고초는 뭉친 것을 풀고 혈압을 낮춰주는 효능이 있다. 우슬은 활혈통경(活血通經)작용이 있어 어혈이 정체되어 있는 것을 풀어준다. 카레에 들어있는 향신료들도 탁한 것을 맑게 하고 기운이 뭉쳐있는 것을 풀어주는 역할을 한다. 양파와 구기자는 고혈압, 고지혈증이나 동맥경화에 효과가 있고, 당근 역시도 고혈압과 고지혈증에 좋은 것은 물론 소화를 돕고 보혈작용도 있다. 소고기는 비위를 튼튼하게 하고 기혈을 보해준다. 버섯은 소화를 도우며 간장을 안정시키고 혈지방을 낮춘다.

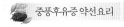

천마우슬식혜

☛ 약선의 효능

간풍을 가라앉게 하고 간양을 안정시키며 혈액을 아래로 순환이 잘 되도록 하며 경락을 잘 통하게 하는 효능이 있다. 중풍전조증이나 후유증에 효과가 있으며 하체가 부실하고 약해지며 무릎관절이 허약하여 걷는 동작이 부자연스러운 노인들에게 도움이 되고 풍습성관절염에도 도움이 된다. 그리고 간과 신장을 튼튼하게 하는 효능이 있어 근골이 허약하고 허리에 통증이 있는 사람에게 좋으며 노화예방에 좋은 약선이다.

▐재료▐

- **식재료** : 찹쌀 150g, 엿기름 80g, 생강 10g, 설탕 ½컵(조절), 잣, 대추
- **약재료** : 천마 50g, 우슬 100g, 두충 20g

| 천마 | 두충 | 생강 |
| 우슬 | 엿기름 | 찹쌀 |

만드는 법

1. 천마, 우슬, 두충을 깨끗이 씻은 다음 냄비에 물 2,500cc를 붓고 물이 끓으면 중불로 30분 끓여서 체에 걸러 약물을 만든다.
2. 밥솥에 찹쌀을 넣고 밥을 한다.
3. 엿기름가루에 약물과 물을 넣고 주물러서 체에 거른 다음 30분 정도 가라앉게 하여 맑은 물만 따라 놓는다.
4. 엿기름 거른 물을 찰밥과 함께 밥솥에 넣고 밥알이 잘 흩어지도록 저은 후 얇게 썬 생강을 넣고 보온으로 5~6시간 정도 발효시킨다.
5. 밥알이 떠오르면 완성된다.
6. 잣은 고깔을 떼고 대추는 씨를 빼고 말아서 꽃모양으로 자른다.
7. 큰 냄비에 ❹를 넣고 끓이면서 설탕을 넣어 적당히 맛을 보며 완성한다.
8. 마지막에 대추와 잣을 띄워 낸다.

배합원리

천마는 성질은 평하고 맛은 달며 간경으로 들어간다. 간풍을 제거하고 경락을 잘 통하게 하며 중풍전조증이나 후유증에 효과가 있고 고혈압으로 인한 두통, 사지마비, 관절염, 손발떨림현상, 신경쇠약 등에 효과가 있다. 우슬은 활혈통경(活血通經)작용이 있으며 간과 신장을 보하고 근골을 튼튼하게 하며 혈액을 아래로 잘 통하게 하는 효과가 있다. 두충은 간과 신장을 보하고 넘어져 멍이든 사람에게 좋으며 중노년에 신장의 기가 부족하여 허리가 아프고 힘이 없고 소변이 새어나오는데 효과가 있다.

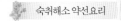 숙취해소 약선요리

갈화무콩나물밥

🍈 약선의 효능

숙취를 해소하고 소화를 도우며 허열을 내리고 가래기침을 잡아주고 해독작용이 있으며 갈증을 멈추게 하고 이뇨작용과 해독작용이 있는 약선으로 평소 술을 많이 마시고 속이 불편하며 몸이 자주 붓는 사람에게 도움이 된다. 또한 가래가 나오고 기침하거나 혈지방이 높은 사람에게 좋고 먼지가 많은 곳에서 일을 하는 사람들에게도 좋은 약선이다.

┃재료┃

• **식재료** : 쌀 400g, 무 300g, 콩나물 100g, 참기름 2큰술, 간장 1큰술, 청주 1큰술
• **약재료** : 갈화 10g
• **양념장** : 달래 20g, 간장 4큰술, 다진마늘 1작은술, 올리고당 1큰술,
　　　　　　깨소금, 참기름, 풋고추, 고춧가루, 매실액, 참치액젓 약간씩

콩나물　　　갈화　　　무　　　쌀

▌만드는 법 ▐

1. 쌀은 깨끗이 씻어 불리고 무는 채 썰고 콩나물은 다듬어 준비한다.

2. 갈화는 깨끗이 씻어 물을 넣고 5분 정도 끓여 약물을 만든다.

3. 솥에 쌀을 넣고 그 위에 무와 콩나물을 얹어 밥을 짓는다.

4. 물은 약물과 섞어 10% 정도 적게 넣는다.

5. 양념장은 위의 분량대로 잘 섞어 준비한다.

6. 밥이 되면 양념장과 함께 낸다.

▌배합원리 ▐

무는 성질은 차고 맛은 달고 매우며 폐경, 위경으로 들어간다. 숙취해소작용이 있으며 소화를 돕고 담을 없애고 가래를 멈추게 하며 이뇨작용이 있고 진액을 만들어 갈증을 해소하며 해독작용도 있다. 콩나물은 숙취해소작용과 노폐물을 제거하고 이뇨작용이 있다. 갈화는 주독을 풀어주는 약으로 숙취해소에 효과가 좋다. 또한 이 세 가지가 합하여 주독을 풀어주고 습열을 제거하며 성인병 예방이나 다이어트에도 도움이 된다.

숙취에 좋은 식품

무, 백편두, 미나리, 콩나물, 숙주나물, 오이, 수박, 동과, 조개, 감, 우렁, 배, 꿀, 바나나, 셀러리, 배추심, 쌀뜨물, 녹두, 팥, 진피, 사과, 연근, 은행, 국화, 오매, 사인, 고삼, 갈근, 갈화, 죽여, 지구자, 육두구, 결명자, 오배자, 지위, 황금, 황연, 신곡, 복어, 북어

숙취해소법

1. 음주 전 감을 한 개 정도 먹는다.
2. 음주 전후에 꿀을 타서 먹는다.
3. 무즙을 홍탕을 타서 먹는다.
4. 음주 후 바나나 3~4개를 먹는다.
5. 음주 후 동과탕을 먹는다.
6. 음주 후 배, 무, 사과를 갈아 먹는다.
7. 음주 후 우유를 마신다.
8. 음주 후 쌀을 갈아 먹는다.
9. 갈근화 10~15g 정도를 물에 끓여서 먹는다.
10. 갈근 30~60g을 물에 끓여 마신다.
11. 셀러리즙을 짜서 먹는다.
12. 녹두 40~50g, 감초 9~10g을 홍탕을 넣어 끓여 마신다.
13. 술 마신 뒤 구토증상이 있을 땐 생강을 입에 물고 있으면 좋다.
14. 찬물에 소금을 약간 넣어 마신다.
15. 수박 200~300g을 갈아 마신다.

평위산

탕으로 사용할 땐 평위산을 이용하는 것이 효과적이다.

- **방제** : 군 창출 15g — 조습건비(燥湿建脾)

  신 후박 9g — 행기거습(行气祛湿), 소만(消满)

  (기체가 습체가 됨. 창출의 조습작용과 건비작용을 돕는다.)

  좌 진피 9g — 리기화위(理气和胃), 방향성비(芳香醒脾)

  (창출, 후박을 도와준다.)

  사 감초 6g — 완화약성(缓和药性), 조화제약(调和诸药)

  기타 생강과 대추를 넣어주면 비위장에 더욱 좋다.

- **효능** : 조습운비(燥湿运脾), 행기화위(行气和胃)

- **작용** : 습체비위증(湿滞脾胃证) — 배가 더부룩하고 식욕이 없으며 구토나 구역질이 나고 신트림이 나고 눕고 싶고 몸이 무거운 증상에 효과가 있다.

지구자콩나물북어국

🍶 약선의 효능

숙취해소에 효과가 있으며 각종 중금속이나 공해로 인해 유해물질이 인체에 쌓여 있는 것을 해소하는 약선으로 칼로리가 적어 비만증에도 효과가 있다. 또한 소화불량이나 이뇨작용이 있어 소변이 잘 안 나오는 사람에게도 좋은 약선이며 현대성인병에 탁월한 효능이 있다.

|재료|

● **식재료** : 북어 1마리, 무 ¼개, 콩나물 50g, 청양고추 1개, 다진마늘 10g, 달걀 1개,
　　　　　 국간장 5ml, 참기름 1작은술, 소금 약간
● **약재료** : 갈화 5g, 지구자 10g

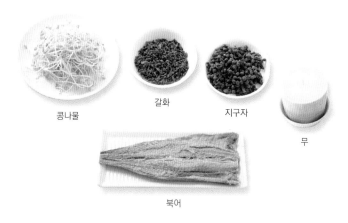

콩나물　　　갈화　　　지구자　　　무

북어

만드는 법

1. 북어는 껍질을 벗기고 육질을 방망이로 두들겨 부드럽게 하여 찢는다.

2. 무는 가늘게 채 썰고 콩나물은 머리를 제거한 후 깨끗하게 씻는다.

3. 갈화는 깨끗이 씻어 2컵 분량의 물을 붓고 10분간 끓여 걸러 사용하고 지구자는 깨끗이 씻어 북어와 함께 넣는다.

4. 팬에 참기름을 두르고 북어를 넣고 볶다가 무와 다진마늘을 넣어 약간 더 볶은 후 약물과 콩나물, 청양고추를 넣고 끓인다.

5. 콩나물이 익으면 달걀을 풀어 넣고 간을 한다.

배합원리

북어는 성질은 평하고 맛은 달고 담백하며 간경, 비장경으로 들어간다. 청열해독작용이 있으며 간 기능을 활발하게 하고 이뇨작용이 있으며 숙취해소에 효과가 있다. 또한 맛이 담백하여 현대성인병 예방에도 효과가 있다. 갈화와 지구자는 예부터 주독을 풀어주는 효능이 탁월하여 숙취해소에 많이 사용하여 왔다. 또한 무나 콩나물도 숙취해소를 돕고 이뇨작용이 있어 소변을 잘 통하게 한다.

지구자복어탕

🫖 약선의 효능

숙취해소작용이 있으며 수액대사를 활발하게 하여 수종을 없애고 습열을 내리며 변비를 해소하며 간기능을 안정시키는 효능이 있는 약선으로 평소에 술을 많이 마시는 사람이나 습열로 인해 눈이 자주 충혈되고 피로하며 몸이 붓고 기운이 없는 사람이나 성인병이 있는 사람에게 도움이 된다.

❚재료❚

● **식재료** : 복어 1마리(손질된 복어), 콩나물 150g, 미나리 150g
● **약재료** : 지구자 50g
● **육수재료** : 지구자, 무, 북어머리, 다시마, 대파, 고추씨
　　　　　　　(지구자는 절구에 빻아서 육수를 낸다.)

지구자　　　　　　미나리

복어　　　　　　콩나물

만드는 법

1. 복어는 먹기 좋은 크기로 잘라 물에 담가 둔다.
2. 콩나물은 거두절미하고 미나리도 6cm로 준비한다.
3. 육수에 콩나물과 북어를 넣고, 끓으면 미나리, 다진마늘을 넣고 완성한다.

배합원리

복어는 성질은 따뜻하고 맛은 달며 간경, 비장경, 신장경으로 들어가고 독이 있다. 숙취해소, 피로회복, 자양강장, 이뇨작용, 피부미용, 노화예방, 성인병 예방에 효과가 있으며 지구자는 주독을 풀어주고 수액대사를 활발하게 하는 효능이 있어 배합하였으며 미나리는 숙취해소, 이뇨작용이 있고 간기능을 안정시키는 효능이 있으며 콩나물 또한 숙취해소작용과 수액대사를 활발하게 하는 효능이 있다. 육수에 사용되는 북어도 해독작용과 숙취해소에 좋고 성인병 예방에 좋은 재료다.

수종 약선요리

오피산약오리탕

약선의 효능

수액대사를 활발하게 하고 소화를 도우며 혈액순환을 촉진시키고 혈압을 낮추는 작용
이 있는 약선으로 수종이 자주 나타나거나 복부가 창만하고 소화가 잘 되지 않으며 만
성신장염이 있는 사람들에게 적합하다. 또한 소변이 잘 나오지 않거나 사지가 무겁고
흉복부가 창만한 사람들에게도 도움이 된다.

|재료|

- **식재료** : 오리 1마리, 목이버섯 10g, 표고버섯 3개, 양파 1개, 마늘 5쪽, 생강 5편, 대파 1뿌리,
  요리술, 소금, 후추 약간씩
- **약재료** : 상백피 10g, 진피 10g, 복령피 10g, 생강피 5g, 대복피 5g, 산약(생마) 200g, 구기자 5g

오리　구기자　목이버섯　생강　산약　복령　대복피　상백피　진피　표고버섯　양파

만드는 법

1. 오리는 깨끗이 손질하여 먹기 좋은 크기로 잘라 준비한다.
2. 약재료(오피)는 끓는 물에 30분 정도 끓여 약물을 만든다.
3. 산약은 껍질을 벗기고 사각편으로 잘라 놓고 구기자는 깨끗이 씻어 놓는다.
4. 목이버섯, 표고버섯은 물에 불려 놓고 양파는 사각으로 크게 잘라 준비한다.
5. 전골냄비에 오리와 마늘, 생강, 대파를 넣고 약물과 물을 적당히 넣고 끓인다.
6. 오리가 익으면 목이버섯, 표고버섯, 양파, 산약과 구기자를 넣고 한소끔 더 끓여 완성한다.

배합원리

오리는 청보식품으로 자음작용이 강하고 비위를 튼튼하게 하며 수액대사를 활발하게 한다. 산약과 배합하면 비위를 튼튼하게 하고 신장을 보하는 효과가 강해지며 양파와 배합하면 심혈관을 튼튼하게 한다. 복령피는 달고 담백한 맛으로 비장을 튼튼하게 하고 이뇨작용이 있으며 생강피는 매운맛으로 위를 따뜻하게 하며 물을 잘 퍼져나가게 한다. 대복피는 맵고 따뜻하며 기운을 잘 통하게 하고 가슴을 넓히고 이뇨작용이 있다. 진피는 기운을 조절하고 중초를 넓히고 비장을 강하게 하고 습을 제거하며 상백피는 폐의 수액대사를 활발하게 해준다. 산약은 폐, 비, 신장의 기능을 튼튼하게 하는 효능이 있으며 구기자는 신장의 정혈을 보하는 효능이 있다.

율무복령녹두빈대떡

🫑 약선의 효능

이수작용이 있으며 더위를 이기고 수종과 부종을 치료하며 해독작용이 강하고 비장을
튼튼하게 하고 습열을 제거하는 작용이 있는 약선이다. 따라서 몸이 자주 붓는 사람들
이나 소화가 잘 안 되고 식욕이 없으며 몸에 습이 쌓여 무거우며 열이 많은 사람들에
게 도움이 된다.

|재료|

- **식재료** : 거피녹두 2컵, 찹쌀가루 2큰술, 돼지고기 200g, 숙주 200g, 김치 100g,
  쪽파 5뿌리, 청양고추 2개
- **약재료** : 율무가루 10g, 복령가루 10g
- **돼지고기양념** : 다진마늘 1작은술, 소금, 후추, 참기름

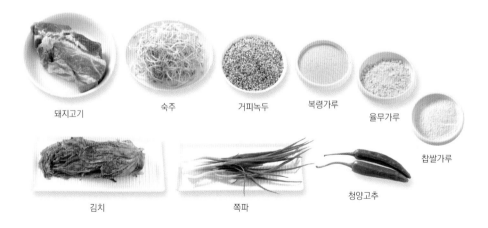

돼지고기 　　숙주 　　거피녹두 　　복령가루 　　율무가루

찹쌀가루

김치 　　　쪽파 　　청양고추

만드는 법

1. 녹두는 4~5시간 정도 물에 불려 믹서기에 넣고 갈아 준비한다.

2. 돼지고기는 다져서 양념을 넣어 재워 놓는다.

3. 김치는 물에 씻어 물기를 제거하고 잘게 썰어 놓는다.

4. 쪽파와 청양고추는 잘게 썰어 준비한다.

5. 위의 재료를 모두 함께 섞어 반죽을 한다.

6. 팬에 기름을 두르고 적당량을 떠서 부친다.

배합원리

녹두는 성질은 차고 맛은 달며 청열해독, 이수해서작용이 있어 수종이나 더위를 물리치며 설사 나 옹종에도 효과가 있다. 복령과 율무는 비장을 튼튼하게 하며 습을 제거하는 효능이 있어 배 합하였다.

차전초콩나물무침

🫖 약선의 효능

이뇨작용이 강하고 폐열을 내리며 기침, 가래에 효과가 있으며 간열을 내려 눈을 밝게
하고 기능을 튼튼하게 하며 신장의 열을 내리고 소변을 잘 통하게 하며 수종을 치료하
는 효능이 있다. 또한 섬유질이 많아 해독작용이 있고 변비에 도움이 된다.

❙재료❙

- **식재료** : 차전초 200g, 콩나물 100g, 간장 1큰술, 다진마늘 1큰술, 대파 ½뿌리, 참기름 1작은술,
  참깨 1작은술, 소금, 후추 약간씩
- **약재료** : 구기자 5g

콩나물

차전초

구기자

▌만드는 법▐

1. 차전초는 깨끗이 씻어 소금을 약간 넣은 끓는 물에 데친다.
2. 콩나물은 물에 소금을 넣고 삶아 준비한다.
3. 구기자는 물에 불려 놓는다.
4. 데친 차전초와 콩나물에 양념과 구기자를 넣고 무친다.

▌배합원리▐

차전초는 차전자의 잎과 줄기로 성질은 차고 맛을 달며 신장, 간경, 폐경으로 들어간다. 수종, 소변불리, 임증치료 등 수액대사의 장애를 해소하는 작용이 강하다. 잎과 줄기는 섬유질이 많아 소화기계통에 도움이 되고 간기능을 튼튼하게 한다. 봄에 채취하여 말려서 보관한다. 콩나물은 비장경, 방광경으로 들어가며 자윤청열작용이 있으며 이뇨해독작용이 있어 배합하였다. 구기자는 신장의 정혈을 보하는 효능이 있다.

저자약력

양 승

한국국제음식양생연구회 회장
한국약선요리협회 회장
롯데호텔조리부 근무
중의학박사

김소영

한국국제음식양생연구회 강사
한국약선요리협회 간사
중의학(부인과)박사

변미자 (국제음식양생사 2017005)

용지봉식당 대표
한식대첩시즌4 최종우승자

이성자 (국제음식양생사 2017001)

수담한정식 총괄이사
대통령상 수상
한식조리기능장

정명희 (국제음식양생사 2017002)

(사)한국관광서포터즈 회장
사회복지사(1급)

김인애 (국제음식양생사 2017003)

인애듀(Inaedu) 대표
한밭대학교 평생교육원 지도교수

유수림 (국제음식양생사 2017004)

한국국제음식양생연구회 연구원
국제재활필라테스 강사

그릇협찬 온양도자기, 백제도예
사진 이광진

저자와의
합의하에
인지첩부
생략

내 몸이 먹는 맛있는 약선요리

2018년 7월 15일 초판 1쇄 인쇄
2018년 7월 20일 초판 1쇄 발행

지은이 양 승 · 김소영 · 변미자 · 이성자
　　　　정명희 · 김인애 · 유수림
펴낸이 진욱상
펴낸곳 (주)백산출판사
교　정 편집부
본문디자인 박채린
표지디자인 오정은

등　록 2017년 5월 29일 제406-2017-000058호
주　소 경기도 파주시 회동길 370(백산빌딩 3층)
전　화 02-914-1621(代)
팩　스 031-955-9911
이메일 edit@ibaeksan.kr
홈페이지 www.ibaeksan.kr

ISBN 979-11-88892-54-9　13590
값 22,000원